测绘行业职业教育工学结合一体化规划教材

GNSS 测量技术

益鹏举　王瑞芳　赵亚蓓　孙树芳　郭德普　编著

黄河水利出版社
·郑州·

内 容 提 要

本书分两篇介绍了 GNSS 测量技术。第一篇为基础理论，简单扼要地介绍了 GNSS 定位基本原理、卫星运动与卫星星历、卫星信号及其测量、定位方法、测量误差、时空参考系统等理论知识。第二篇为应用案例，详细讲述了 GNSS 三维大地控制网的布设、外业观测、数据处理，坐标转换与投影换带，常规 GNSS-RTK 地形图测绘，网络 RTK 测量等应用案例。

本书可作为职业院校测绘相关专业教材使用，也可供从事 GNSS 测量生产的工程技术人员参考。

图书在版编目(CIP)数据

GNSS 测量技术/益鹏举等编著．—郑州：黄河水利出版社，2015.4 （2022.8 重印）

ISBN 978-7-5509-1102-4

Ⅰ.①G… Ⅱ.①益… Ⅲ.①卫星导航-全球定位系统 Ⅳ.①P228.4

中国版本图书馆 CIP 数据核字(2015)第 084169 号

策划编辑：陶金志　电话：0371-66025273　E-mail：838739632@qq.com

出 版 社：黄河水利出版社　　网址：www.yrcp.com

地址：河南省郑州市顺河路黄委会综合楼 14 层　　邮政编码：450003

发行单位：黄河水利出版社

发行部电话：0371-66026940、66020550、66028024、66022620(传真)

E-mail：hhslcbs@126.com

承印单位：河南承创印务有限公司

开本：787 mm×1 092 mm　1/16

印张：11.25

字数：260 千字

版次：2015 年 4 月第 1 版　　印次：2022 年 8 月第 4 次印刷

定价：34.00 元

前　言

本书根据国家职业学校工程测量专业教学标准及测绘地理信息行业生产需求，采用模块知识与案例教学的编写思路，由郑州测绘学校具有丰富教学经验的专业骨干教师，与具有丰富实践经验的黄河勘测规划设计有限公司的行业专家进行校企合作，共同编写而成。本书可作为大、中专职业院校工程测量专业的专业课教材，也可供其他工程技术人员参考。

本书与现有同类教材不同，打破了传统的学科体系，按“模块知识 + 应用案例”相结合的方式组织编写。基础理论部分将相关知识内容形成模块和知识点进行讲解，强调知识的简洁、必需和实用；应用案例部分突出能力、技能的培养，采用的案例为测绘生产实践中的典型案例，力求为读者营造一种“真实的学习和工作环境”，使读者通过学习，掌握 GNSS 测量的基本知识，获得实践能力的锻炼和提高，进而达到本书应用性技能型人才的培养目标。

本书共分两篇——基础理论和应用案例。第一篇为基础理论，按照模块—知识点的思路组织编写，主要讲述了 GNSS 定位基本原理、GNSS 卫星运动与卫星星历、GNSS 卫星信号及其测量、GNSS 定位方法、GNSS 时空参考系统五部分内容。第二篇为应用案例，包括 GNSS 三维大地控制网的布设、GNSS 控制网外业观测、GNSS 控制网数据处理、坐标转换与投影换带、常规 GNSS - RTK 地形图测绘、网络 RTK 测量六个应用案例。每一案例都以具体测量任务为出发点和落脚点，包含项目目标、依据、条件、要求、剖析以及每一项目下的任务分析、知识学习、参考方案等内容。

本书由郑州测绘学校益鹏举担任主编，郑州测绘学校王瑞芳、赵亚蓓、孙树芳，黄河勘测规划设计有限公司测绘信息工程院郭德普参与编著。其中模块一、案例三由孙树芳编写，模块二、模块五、案例四至六由益鹏举编写，案例一、二由王瑞芳编写，模块三、四由赵亚蓓编写，本书涉及实践应用部分均由黄河勘测规划设计有限公司郭德普高级工程师参与编写。全书由益鹏举统稿，解放军信息工程大学杨力教授审稿。

本书在编写过程中参阅了大量的文献，引用了同类书籍中的部分内容，在此谨向有关作者表示衷心感谢。同时，听取了许多老师及行业专家的宝贵意见，得到郑州测绘学校教务处及大地工测教学部的大力支持，在此致以衷心的谢意！由于编者水平有限，书中难免存在缺陷和错误，恳请各位专家、读者给予批评和指正。

编　者

2015 年 1 月

目　录

第一篇　基础理论

模块一　GNSS 定位基本原理

知识点一　GNSS 的产生与发展

全球导航卫星系统(Global Navigation Satellite System,简称 GNSS)是随着现代科学技术的发展而建立起来的新一代卫星无线电导航定位系统,是所有在轨工作的卫星导航定位系统的总称,目前主要包括美国 GPS 全球定位系统、俄罗斯 GLONASS 导航卫星系统、欧盟 GALILEO 卫星导航系统、中国 BDS 北斗卫星导航系统、美国 WAAS 广域增强系统、欧洲 EGNOS 地球静止卫星重叠导航服务、法国 DORIS 星载多普勒无线电定轨定位系统、德国 PRARE 精确距离及变率测量系统、日本 QZSS 准天顶卫星系统、印度 GAGAN GPS 空基增强系统,以及印度 IRNSS 区域导航卫星系统等。

卫星导航定位技术的产生和发展经历了早期的卫星定位技术、卫星多普勒定位系统、全球导航卫星系统等几个阶段。

一、早期的卫星定位技术

卫星定位技术是利用人造地球卫星进行点位测量的一门技术。早期,人造地球卫星仅仅作为一种空间观测目标,由地面上的观测站对卫星的瞬间位置进行摄影测量,测定测站至卫星的方向,建立卫星三角网;也可以利用激光测距技术测定观测站至卫星的距离,建立卫星测距网。通过这两种观测方法,均可实现地面点的定位,也可进行大陆同海岛的联测定位,解决了常规大地测量难以实现的远距离联测定位问题。

卫星三角网定位精度低,受卫星可见条件和天气观测条件的影响,底片处理较复杂,观测和成果换算耗费大量时间,所以较少使用。

卫星测距网定位需要 4 个测站组成较好的图形,实施同步观测,难以大面积布网,因此实际应用不能推广。

为了克服上述卫星三角网和卫星测距网测量方法的缺点,卫星多普勒定位测量由此产生并取代了上述两种方法,使卫星定位技术从卫星作为空间观测目标发展到卫星作为动态已知点的新阶段。卫星多普勒定位测量是利用卫星发射的无线电波进行距离测量,该方法的思想是:若已知在轨运行的轨道参数,即把运行的导航卫星作为动态已知点,地面观测设备又可测得卫星发射的多普勒频移,由此根据历元时刻的已知卫星位置与测得的多普勒频移便可计算出测站坐标,这种测量方法便是第一代卫星导航定位系统的基本工作原理。

二、卫星多普勒定位系统

1958 年 12 月,美国开始研制利用卫星多普勒定位技术来测速和定位,该系统称为美国海军导航卫星系统(Navy Navigation Satellite System),简称 NNSS。该系统卫星轨道面通过地极,所以又称为子午卫星导航系统。由于利用该系统进行测量的接收机采用多普勒效应原理进行接收和定位,所以称为多普勒接收机。

1959 年 9 月美国发射了第一颗试验性卫星。到 1961 年 11 月,先后发射了 9 颗试验性导航卫星,经过几年试验研究,解决了许多技术问题。从 1963 年 12 月起,陆续发射了由 6 颗卫星组成的子午卫星星座,1964 年建成并投入使用。该系统由 6 颗子午卫星组成,轨道接近圆形,轨道倾角大约为 90°,卫星离地面高度为 1 075 km 左右,运行周期约为 107 min,观测时间间隔较长(中纬度地区用户平均每隔 2 h 可观测到其中一颗卫星),不能实现实时定位。

与美国子午卫星系统建立的同时,苏联于 1965 年开始也建立了一个卫星导航系统,称为 CICADA。它与 NNSS 系统相似,也是第一代导航卫星系统。该系统由 12 颗卫星组成,轨道高度约为 1 000 km,运行周期约为 105 min。

多普勒定位具有经济快速、精度均匀,不受天气和时间的影响,自动化程度较高等优点。虽然子午卫星系统将导航和定位技术推向了一个崭新的发展阶段,但仍然存在着一些明显的缺陷。该系统卫星数目较少,运行高度较低(平均约为 1 000 km),观测时间间隔较长(平均约为 1.5 h),无法提供全球性的实时连续导航定位服务,进行一次点位定位所需时间较长。从测量角度来看,该系统具有定位速度慢、作业效率低、定位精度较低等缺点。

为了克服子午卫星系统的上述缺点,满足军事及民用部门对连续实时三维导航和定位的需求,以美国 GPS 导航定位系统为代表的第二代全球导航卫星系统便应运而生。

三、全球导航卫星系统

GNSS 是全球导航卫星系统的简称,它泛指所有的卫星导航系统,包括全球的、区域的和增强的,如美国的 GPS、俄罗斯的 GLONASS、欧洲的 GALILEO、中国的北斗卫星导航系统,以及相关的增强系统,如美国的 WAAS(广域增强系统)、欧洲的 EGNOS(欧洲地球静止卫星重叠导航服务)和日本的 MSAS(多功能空基卫星增强系统)等,还涵盖在建和以后要建设的其他卫星导航系统。因此,国际 GNSS 系统是个多系统、多层面、多模式的复杂组合系统。

GNSS 测量技术之所以应用如此广泛,是由其自身的特点和优势决定的。与常规测量技术相比,它具有高精度、全天候、高效率、多功能、操作简便、应用广泛等特点。

(1)定位精度高。实践证明,GNSS 静态相对定位精度在 50 km 内可达 10^{-6},100 ~ 500 km 可达 10^{-7} ~ 10^{-6},1 000 km 可达 10^{-8}。

(2)观测时间短。目前,20 km 以内静态相对定位仅需 15 ~ 20 min;快速静态相对定位测量时,当每个流动站与基准站相距在 15 km 以内时,流动站观测时间只需 1 ~ 2 min,然后可随时定位,每站观测只需几秒钟。

(3)测站间无须通视。GNSS 测量不要求测站之间相互通视,只需测站上空开阔即可,因此可节省大量的造标费用。由于无需点间通视,点位位置根据需要,可稀可密,选点工作甚为灵活，也可省去经典大地网中的传算点、过渡点的测量工作。

(4)可提供三维坐标。经典大地测量将点的平面与高程采用不同方法分别施测，GNSS可精确测定测站点的三维坐标，GNSS 水准可满足四等水准测量的精度。

(5)操作简便。随着 GNSS 接收机不断改进，自动化程度越来越高，有的已达“傻瓜化”的程度，接收机的体积越来越小，质量越来越轻，极大地减轻了测量工作者的工作紧张程度和劳动强度，使野外工作变得轻松愉快。

(6)全天候作业。目前 GNSS 观测可在一天 24 h 内的任何时间进行，不受阴天黑夜、起雾刮风、下雨下雪等气候的影响，能够全天候作业。

(7)功能多、应用广。GNSS 系统不仅可用于测量、导航，还可用于测速、测时。测速的精度可达 0.1 m/s，测时的精度可达几十毫微秒，其应用领域正在不断扩大。

知识点二　全球四大导航卫星系统

全球四大导航卫星系统分别为美国的 GPS、俄罗斯的 GLONASS、欧盟的 GALILEO 和中国的 BDS，GNSS 正在步入以这四大系统为主、涵盖其他卫星导航系统的多系统并存时代。

美国的 GPS 系统和俄罗斯的 GLONASS 系统已发展成为第二代全球导航卫星系统，欧盟 GALILEO 系统和中国 BDS 系统正在逐步完善，它们共同组成了全球导航卫星系统。届时，全球导航卫星将有 100 多颗，定位精度和速度都将大大提高。

一、GPS 系统

GPS 全称为 Navigation System Timing and Ranging/Global Positioning System，译为“授时与测距导航系统/全球定位系统”，简称 GPS。该系统于 1973 年由美国政府组织研究，耗费巨资，历经约 20 年，于 1993 年全部建成。

GPS 系统由空间星座部分、地面监控部分和用户设备部分组成(见图 1-1)。

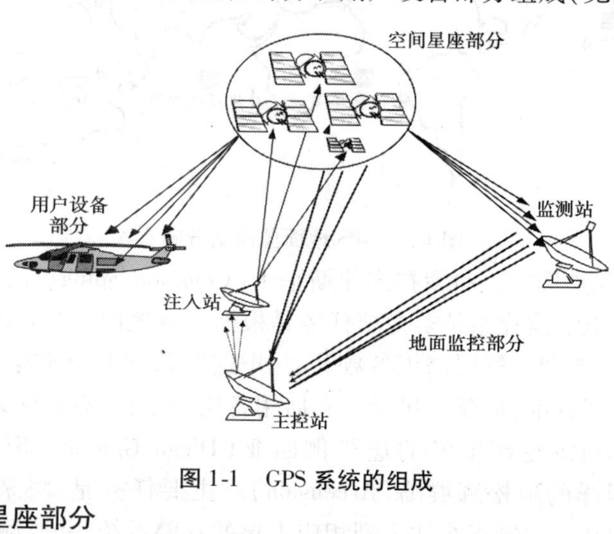

图 1-1　GPS 系统的组成

(一)GPS 空间星座部分

GPS 卫星星座由 24 颗卫星组成(其中 21 颗为工作卫星，3 颗为备用卫星)。卫星轨道平均高度为 20 200 km，运行速度为 3 800 m/s，运行周期为 11 h 58 min,分布在 6 个近圆形轨道面内,每个轨道面上有 4 颗卫星。卫星轨道面相对地球赤道面的倾角为 55°,各轨道平面升交点的赤经相差 60°,同一轨道上两卫星之间的升交角距相差 90°。每颗卫星可覆盖全球约 38% 的面积,在地平线以上的卫星数目随时间和地点而异,最少为 4 颗,最多时达 11 颗(见图 1-2)。

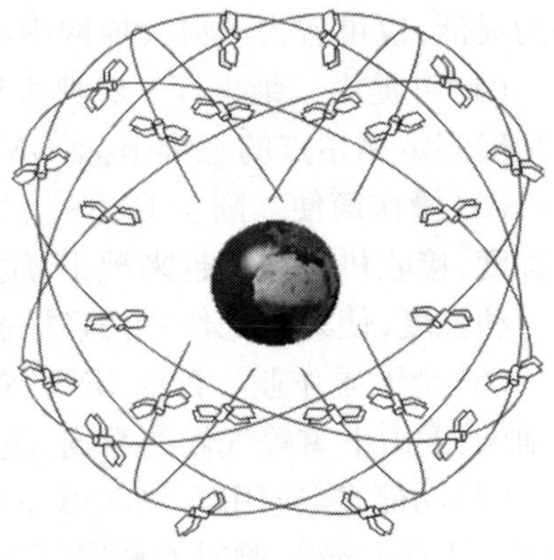

图 1-2 GPS 卫星星座分布

GPS 每颗卫星装有 4 台高精度原子钟(铷钟和铯钟各两台),以保证发射出标准频率,为 GPS 测量提供高精度的时间标准。GPS 卫星的主要功能有:

(1)接收和储存由地面监控系统发射来的导航信息和其他信息。

(2)接收并执行地面监控系统发送的控制指令,如调整卫星姿态和启用备用时钟、备用卫星等。

(3)向用户连续不断地发送导航与定位信息,并提供时间标准、卫星本身的空间实时位置及其他在轨卫星的概略位置。

(二)GPS 地面监控部分

GPS 的地面监控系统由分布在全球的若干个跟踪站组成,根据功能分为 1 个主控站(MCS)、3 个注入站(GA)和 5 个监测站(MS)(见图 1-3)。

图 1-3 GPS 地面监控站分布

(1)主控站。设在美国本土科罗拉多州斯平士(Colorado Spings)的联合空间执行中心。负责协调和管理所有地面监控系统。主要任务是根据所有地面监测站的观测资料推算编制各卫星的星历、卫星钟差和大气层修正参数等,并把这些数据及导航电文传送到注入站;提供全球定位系统的时间基准;调整卫星状态和启用备用卫星;具有监测站功能等。

(2)注入站。分别设在印度洋的迭哥伽西亚(Diego Garcia)、南太平洋的卡瓦加兰(Kwajalein)和南大西洋的阿松森群岛(Ascension)。主要任务是:将来自主控站的卫星星历、钟差、导航电文和其他控制指令注入到相应卫星的存储系统,并监测注入信息的正确性,亦具有监测站功能。

(3)监测站。五个地面站具有监控站的功能,除上述四个地面站外,还有一个设在夏威夷(Hawaii)。主要任务是:连续观测和接收所有 GPS 卫星发出的信号并监测卫星的工作状况,将采集到的数据连同当地气象观测资料和时间信息初步处理后传送到主控站。

整个地面监控系统由主控站控制,地面站之间的通信系统无需人工操作,实现了高度自动化和标准化。

(三)GPS 用户设备部分

GPS 用户设备部分由 GPS 接收机、数据处理软件和微处理机及其用户终端设备等组成。主要作用是接收、跟踪、变换和测量 GPS 卫星信号,从而进行导航定位。GPS 信号接收机主要功能是能够捕获到一定卫星截止角的可视卫星,并跟踪这些卫星,当接收机跟踪并捕获到卫星信号后,即可测量出接收天线至卫星的距离及其变化率,通过解调出的卫星轨道参数等数据,接收机中的微处理计算机便可根据相应的解算方法计算出用户所在位置的经纬度、高度、速度、时间等信息。接收机设备和机内软件以及 GPS 数据的后处理软件包构成完整的 GPS 用户设备。

二、GLONASS 系统

苏联在全面总结 CICADA 第一代卫星导航系统的基础上,认真吸收了美国 GPS 系统的成功经验,研制、组建了第二代导航卫星系统 GLONASS(GLObal NAvigation Satellite System),并于 1996 年 1 月 18 日正式运行。GLONASS 系统与 GPS 系统一样,可为地球上任何地方的用户提供连续的、精确的三维坐标、速度及时间信息。

GLONASS 系统由卫星星座、地面支持系统和用户设备三部分组成。

(一)GLONASS 卫星星座

GLONASS 设计星座由 24 颗卫星组成(21 颗工作卫星和 3 颗备用卫星),均匀分布在 3 个近圆形的轨道平面上,每个轨道面 8 颗卫星,轨道平面两两相隔 120°,同平面内的卫星之间相隔 45°,轨道高度约 19 100 km,轨道倾角 64.8°,运行周期为 11 h 15 min 44 s(见图 1-4)。

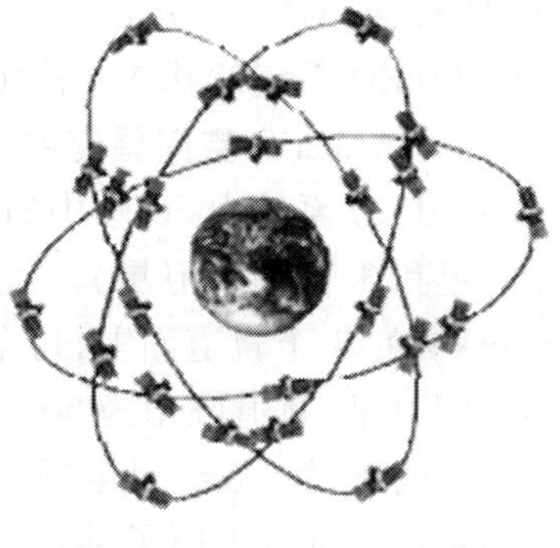

图 1-4　GLONASS 卫星星座

(二)GLONASS 地面支持系统

地面支持系统由系统控制中心、中央同步器、遥测遥控站(含激光跟踪站)和外场导航控制设备组成。地面支持系统的功能由苏联境内的许多场地来完成。随着苏联的解体,GLONASS 系统由俄罗斯航天局管理,地面支持段已经减少到只有俄罗斯境内的场地了,系统控制中心和中央同步处理器位于莫斯科,遥测遥控站位于圣彼得堡、捷尔诺波尔、埃尼谢斯克和共青城。

相对于 GPS 均匀分布在全球范围的监测站,GLONASS 的监测站分布在俄罗斯境内。为了弥补国内布站的缺陷,在卫星上安装了后向激光反射棱镜,通过高精度的卫星激光测距(SLR)成果来修正无线电测距结果,以此提高测距精度。目前,GLONASS 正在国外开展建立地面监测站的工作。

(三)GLONASS 用户设备

GLONASS 用户接收机设备接收 GLONASS 卫星发射的信号,并测量其伪距和伪距变化率,同时从卫星信号中提取并处理导航电文,接收机处理器对上述数据进行处理并计算出用户所在的位置、速度和时间信息。

GLONASS 系统运行正常,但生产用户设备的厂家较少,多为专用型。采用 GPS/GLONASS联合接收机有很多优点:用户同时可以接收的卫星数目增加 1 倍,可以明显改善观测卫星的几何分布,提高定位精度;由于可见卫星数目增加,在一些遮挡物较多的城市、森林等地区进行测量定位,可提高作业的精度和速度;利用两个独立的卫星定位系统进行导航和定位,可有效地削弱美俄两国对各自定位系统的可能控制,提高定位的可靠性和安全性。

三、GALILEO 系统

伽利略导航卫星系统(Galileo Positioning System,简称 GALILEO 系统)是由欧盟研制和建立的全球卫星导航系统,由欧洲委员会和欧空局共同负责。作为世界上第一个全球民用卫星导航系统,将对未来世界产生重要影响。

GALILEO 系统服务范围覆盖全球,可以提供导航、定位、时间、通信等服务。其服务方式包括开放服务、商业服务和官方服务三个方面。除具有与 GPS 相同的全球导航定位功能以外,还具有全球搜寻援救(Search And Rescue,简称 SAR)功能。为此,每颗 GALILEO 卫星装备了一种援救收发器,接收来自遇险用户的求援信号,并将它转发给地面援救协调中心,后者组织对遇险用户进行援救。同时,GALILEO 还向遇险用户发送援救安排通报,以便遇险用户等待援救。GALILEO 接收机不仅可以接收本系统信号,而且可以接收 GPS 和 GLONASS系统的信号,并且实现导航功能和移动电话功能的结合。

GALILEO 系统的基本结构包括空间星座、地面控制设施、用户接收机等。

(一)GALILEO 空间星座部分

GALILEO 系统由 30 颗中轨道卫星(MEO)组成(27 颗工作卫星和 3 颗备用卫星)。卫星均匀地分布在高度约为 23 616 km 的 3 个轨道面上,每个轨道上有 10 颗,其中包括一颗备用卫星,轨道倾角为 56°,卫星绕地球一周约 14 h 22 min,这样的布设可以满足全球无缝隙导航定位(见图 1-5)。

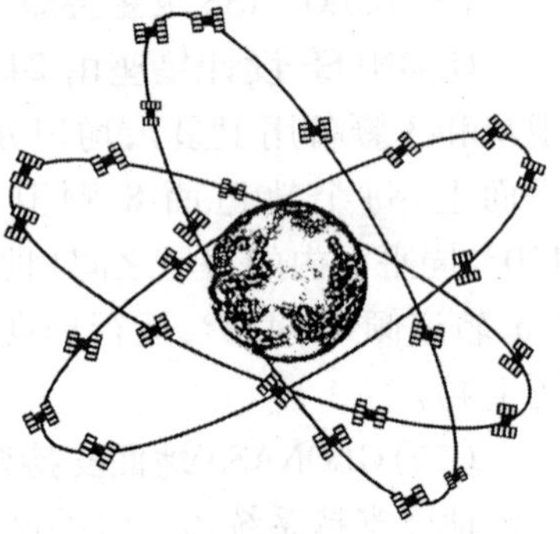

图 1-5　GALILEO 空间星座

卫星授时部分由原子钟提供精确的时间参考。有两种不同的原子钟,即铷原子钟和氢原子钟。铷原子钟质量为 3.3 kg,由激光泵浦激发铷原子振荡,使其频率达到微波级的 6.2 GHz。氢原子钟最终模型质量为 15 kg,将直接以 1.4 GHz 的频率振动。这种微波激射器的稳定性非常高,卫星绕轨道运行一周只需要一次地面注入。

(二)GALILEO 地面控制设施

地面控制设施包括卫星控制中心和提供各项服务所必需的地面设施,用于管理卫星星座及测定和传播集成信号。地面控制部分两大功能包括导航控制与星座维护以及完好性监控。

地面控制部分的构成如下:

(1)两个控制中心(GCC)。两个控制中心是地面控制部分的核心,分别位于法国和意大利。功能是控制星座,保证卫星原子钟的同步,完好性信号的处理,监控卫星及由它们提供的服务,还有内部及外部数据的处理。GCC 由轨道同步与处理设施(OSPF)、精确授时设施(PTF)、完好性处理设施(IPF)、任务控制设施(MCF)、卫星控制设施(SCF)、服务产品设施(SPF)组成。

(2)GALILEO 上行链路站(GUS)。往返于卫星的数据将通过 GALILEO 上行链路站的全球网络来传输,其中每个 GUS 都综合了一个 TT&C 站和一个任务上行站(MUS)。TT&C 站上行链路通过 S 波段发射,MUS 通过 C 波段发射。

(3)GALILEO 监测站(GSS)网络。分布在全球范围的 GSS 网络接收卫星导航信息(SIS),并且检测卫星导航信号的质量,以及气象和其他所要求的环境信息。这些站收到的信息将通过 GALILEO 通信网(GCN)中继传输至两个 GCC。完好性信息是 GALILEO 与其他 GNSS 系统的主要区别。

(4)GALILEO 全球通信网络(GCN)。利用地面和 VSAT 卫星链路,把所有地面站和地面设施连接起来。

(三)GALILEO 用户接收机

GALILEO 用户部分主要由导航定位模块和通信模块组成。用户接收机具备下列功能:接收 GALILEO 信号;拥有与区域和局域设施部分所提供服务的接口;能与其他定位导航系统(如 GPS)及通信系统互操作。另外,GALILEO 接收机还具有通过集成标准化微芯片来实现其他功能的技术潜力,如将 GALILEO 微型终端集成进入移动电话,使之具备定位导航功能;集成航空导航功能,使之应用于飞行器试验;集成进入车载导航平台,向驾驶员提供定位与交通监测服务等。

四、北斗卫星导航系统

北斗卫星导航系统(BeiDou Navigation Satellite System,BDS ICOM PASS)是中国自主研发、独立运行的全球卫星导航系统。

北斗卫星导航系统先后经历了北斗一号卫星导航系统和北斗二号卫星导航系统。北斗一号卫星导航系统是我国自主研制的第一代卫星导航系统,采用主动式定位方法,定位基本原理为空间球面交会测量。北斗二号卫星导航系统是继北斗一号卫星导航系统后的新一代卫星导航系统,与 GPS 系统一样,同属第二代全球导航卫星系统,采用被动式定位方法。

北斗卫星导航系统具有快速定位(导航)、报文通信和定时授时三大功能,报文通信是 GPS 系统所不具有的。BDS 系统提供两种服务方式:开放服务和授权服务。开放服务是在服务区免费提供定位、测速和授时服务,定位精度为 10 m,授时精度为 50 ns,测速精度为 0.2 m/s。授权服务是向授权用户提供更安全的定位、测速、授时和通信服务以及系统完好性信息。

北斗卫星导航系统由空间段、地面段和用户段三部分组成。

(一)BDS 空间段

BDS 空间段由 35 颗卫星组成,包括 5 颗静止轨道卫星和 30 颗非静止轨道卫星。5 颗静止轨道卫星(GEO),轨道高度 35 786 km,在赤道上空的定位位置为 58.75°、80°、110.5°、140°和 160°。30 颗非静止轨道卫星由 27 颗中圆轨道地球轨道卫星(MEO)和 3 颗倾斜地球同步卫星(IGSO)组成。27 颗 MEO 卫星分布在倾角为 55°的三个轨道平面上,每个面上有 9 颗卫星,轨道高度为 21 528 km;3 颗 IGSO 卫星分布在 3 个倾斜轨道面上,轨道高度 35 786

km,轨道倾角 55°,其星下点轨迹重合,交叉点经度为东经 118°,相位差 120°(见图 1-6)。

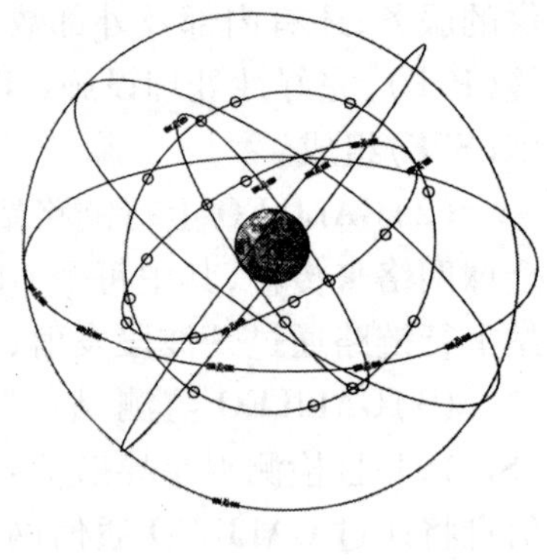

图 1-6 北斗系统空间星座

(二)BDS 地面段

BDS 地面段由主控站、注入站和监测站组成。

主控站主要任务是收集各个监测站段观测数据,进行数据处理,生成卫星导航电文和差分完好性信息,完成任务规划与调度,实现系统运行管理与控制等。

注入站主要任务是在主控站的统一调度下,完成卫星导航电文、差分完好性信息注入和有效载荷段控制管理。

监测站接收导航卫星信号,发送给主控站,实现对卫星段跟踪、监测,为卫星轨道确定和时间同步提供观测资料。

(三)BDS 用户段

BDS 用户段包括北斗系统用户终端以及与其他卫星导航系统兼容的终端。北斗卫星导航系统采用卫星无线电测定(RDSS)与卫星无线电导航(RNSS)集成体制,既能像 GPS、GLONASS、GALILEO 系统一样,为用户提供卫星无线电导航服务,又具有位置报告以及报文通信功能。

知识点三 GNSS 定位基本原理

在学习 GNSS 产生、发展及全球四大导航卫星系统的基础上,我们来介绍 GNSS 是如何确定点位置的。

平面交会法确定点位中有一种后方距离交会确定点位置的方法,该方法通过在待定点上架设仪器,测量待定点到两个或两个以上已知点的距离来计算待定点坐标。GNSS 定位的基本原理与其相似,不同的是空间交会定位,而不是平面交会定位。

GNSS 卫星定位的原理是:利用空间分布的卫星(已知点)以及卫星到接收机测得的距离(观测值),按空间距离交会的方法计算出接收机的位置(待定点)。实质是把卫星视为"动态"的已知点,在已知其瞬时(历元)坐标的条件下,进行空间距离后方交会,确定用户接收机天线相位中心所在的位置(见图 1-7)。

按照空间距离后方交会原理,要解算待定点 P 的三个坐标分量参数(X、Y、Z),理论上需要 3 颗卫星建立三个方程来解算待定点 P 的三个坐标分量参数即可。

设某时刻,用户接收机待定位置 P 为(x_{ue}, y_{ue}, z_{ue}),接收机到 3 颗导航卫星中第 i 颗卫星(S_1、S_2、S_3)的距离为 ρ_i,第 i 颗卫星的三维坐标为($x_{sv}^i, y_{sv}^i, z_{sv}^i$),$i=1,2,3$,则 3 颗卫星的观测方程为

$$\begin{cases}\rho_1 = \sqrt{(x_{sv}^1 - x_{ue})^2 + (y_{sv}^1 - y_{ue})^2 + (z_{sv}^1 - z_{ue})^2} \\ \rho_2 = \sqrt{(x_{sv}^2 - x_{ue})^2 + (y_{sv}^2 - y_{ue})^2 + (z_{sv}^2 - z_{ue})^2} \\ \rho_3 = \sqrt{(x_{sv}^3 - x_{ue})^2 + (y_{sv}^3 - y_{ue})^2 + (z_{sv}^3 - z_{ue})^2}\end{cases} \tag{1-1}$$

由上述方程可知,要确定待定点 P 的三个坐标分量,需解决以下四个问题:

(1)如何得到运动卫星的位置?

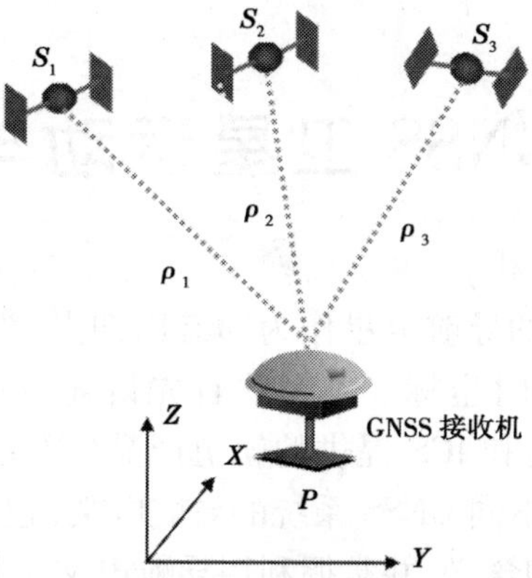

图 1-7 GNSS 定位原理

(2)如何得到卫星至接收机的距离?

(3)如何得到接收机的位置?

(4)如何表示并得到用户工作中所需要的关于卫星、接收机等的位置及其变化信息?

问题(1)解决的是:卫星作为“动态”已知点,其位置是如何计算的。该问题的解答需要卫星运动理论、卫星星历及卫星位置计算等方面的知识。

问题(2)解决的是:卫星到接收机的距离观测量是如何量测的。该问题的解答需要GNSS 观测数据(接收机获取的卫星信号)与距离量测(伪距测量、载波相位测量)等方面的知识。

问题(3)解决的是:用户采用何种定位方法获得用户的位置信息。该问题的解答涉及GNSS 定位方法等知识内容。

问题(4)解决的是:获取的卫星、用户接收机等的位置及其随时间的变化如何精确表达和转换(将各个卫星系统测得的坐标、时间等信息转换到实际工作中所需的信息)。该问题的解答涉及坐标系统、时间系统及其转换等知识内容。

上述四个问题的解答构成了 GNSS 的基础理论,模块二至模块五将按照上述四个问题的先后顺序一一讲述。

模块二　GNSS 卫星运动与卫星星历

GNSS 导航定位中把运动的导航卫星作为动态已知点，为了解决问题(1)：如何得到运动卫星的位置，确定卫星的瞬时坐标。本模块首先讲述卫星的运动(无摄运动和受摄运动)，然后介绍卫星星历的分类和 IGS 提供的轨道产品(卫星星历)。为了计算卫星的空间位置，更为重要的是需要了解不同 GNSS 系统的导航电文(包含用于计算卫星空间位置的信息)和精密星历的格式、内容和含义，并掌握利用导航电文和精密星历计算任一时刻卫星位置的方法，这部分内容本书未作讲述，具体可参考相关书籍。

知识点一　卫星运动

GNSS 导航卫星在空间绕地球运行，取决于它所受的作用力。这些作用力包括：地球重力场对卫星的引力，日、月等天体对卫星的引力，以及太阳光压、大气阻力和地球潮汐力等。

为了研究和实际应用的方便，通常将作用于卫星上的各种作用力按其影响的大小分成两类：一类是地球质心引力，即假设地球为匀质球体，其质量集中于球体的中心(中心引力)，这时由地球引力所决定的卫星运行轨道可视为理想轨道，也称为无摄轨道；另一类是摄动力，也称为非中心力，它包括地球非球形对称的作用力、日月引力、大气阻力、光辐射压力、地球潮汐力等。摄动力作用的结果，使卫星的运动产生一些小的附加变化而偏离理想轨道。摄动力与地球质心引力相比，仅为 10^{-3} 量级。

一、卫星的无摄运动

所谓卫星无摄运动，是将地球视作匀质球体，且不顾及其他摄动力的影响，卫星只是在地球质心引力作用下而运动(见图 2-1)。

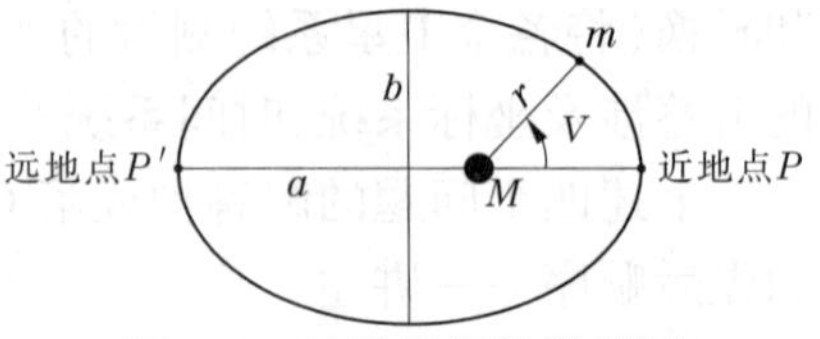

图 2-1　卫星运行轨道椭圆

根据牛顿万有引力定律，在上述理想情况下，因卫星的质量 m 相对于地球的质量 M 很小，若忽略卫星的质量 m，则卫星相对于地球的引力加速度为

$$\ddot{r} = -\frac{GM}{r^3}r \tag{2-1}$$

式中　G——地球引力常数，为 $6.672\times10^{-8}\ \mathrm{cm^3/(g\cdot s^2)}$；

M——地球质量；

$\ddot{r}$——卫星相对于地球的引力加速度；

r——卫星至地球的距离。

引力加速度 $\ddot{r}$ 决定着卫星绕地球运行的基本规律，遵循开普勒(Johannes Kepler)三定律。根据开普勒定律可知，卫星运动的轨道是通过地心平面上的一个椭圆(确定椭圆的形状和大小至少需要椭圆长半径 a 和偏心率 e 两个参数)，且椭圆的一个焦点与地心相重合。

轨道参数可以有很多，它们的选择也不是唯一的。但是无论如何选择，必须有利于下列问题的解决：

(1)轨道椭圆的形状和大小。

(2)轨道平面与地球体的相关位置。

(3)轨道椭圆在轨道平面上的方位。

(4)卫星在轨道上的瞬时位置。

只有这些问题得到确定，卫星运行的轨道以及卫星在轨道上的瞬时位置也才是唯一确定的。

应当指出，以上讨论没有考虑其他摄动力的影响，这只是一种理想的情况。实际上卫星在运动中将受到多种摄动力的作用，从而使卫星的运行偏离理想轨道。虽然这种偏差不大，但是对于现代精密导航和测量都是不能忽略的。

二、卫星的受摄运动

卫星的无摄运动是假定地球是一个匀质球体，卫星只受地球质心引力的作用，但实际上地球质量并非均匀分布，地球形状既非球体又不规则，因此 GNSS 导航卫星在运行中还将受到各种摄动力的影响，其中包括地球体不规则及质量分布不均匀而引起的作用力、太阳和月球的引力、太阳的直接与间接辐射压力、大气的阻力、地球潮汐的作用力、磁力等。这些摄动力影响的结果，迫使卫星偏离开普勒椭圆轨道，对 GPS 卫星来说，仅地球的非球性影响，在 3 h 的弧段上，就可能使卫星的位置偏差达 2 km，而在 2 d 弧段上达 14 km。显然，这种偏差对于任何用途的定位工作，都是不可忽视的，所以还需要建立各种摄动力模型。对卫星轨道加以修正，才能满足卫星导航和精密定位的需要。

GPS 卫星所受摄动力的影响度见表 2-1。

表 2-1　GPS 卫星所受摄动力的影响度

摄动源		加速度 (m/s^2)	卫星轨道受摄度(m)	
			3 h 弧段	2 d 弧段
地球的非对称性	$\overline{C}_{20}$	5×10^{-5}	2 000	14 000
	其他调和项	5×10^{-7}	5 ~ 80	100 ~ 1 500
日、月点质影响		5×10^{-6}	5 ~ 150	1 000 ~ 3 000
地球潮汐位	固体潮	5×10^{-9}	—	0.5 ~ 1.0
	海洋潮汐	5×10^{-9}	—	0.0 ~ 2.0
太阳光辐射压力		5×10^{-7}	5 ~ 10	100 ~ 800
卫星体反射压力		5×10^{-8}	—	1.0 ~ 1.5

从表 2-1 的分析来看，影响卫星运动的摄动力主要还是地球引力场、日月引力和太阳光压。

知识点二　卫星星历

描述某一时刻卫星运行及其轨道的参数称卫星星历。根据卫星星历可以计算出卫星在空中的瞬时位置。通过卫星的导航电文将已知的某一初始历元的轨道参数及其变率发给用户(接收机),即可计算出任一时刻的卫星位置。GNSS 测量就是根据已知的卫星轨道信息和用户的观测资料,通过数据处理来确定接收机的位置及载体的航行速度。因此,精确的轨道信息是精密定位的基础。

GPS 卫星星历分为预报星历(广播星历)和后处理星历(精密星历)。

一、广播星历

广播星历是通过卫星发射的含有轨道信息的导航电文传递给用户的,用户接收机接收到这些信号,经过解码便可获得所需要的卫星星历。卫星的广播星历通常包括相对某一参考历元的开普勒轨道参数和必要的轨道摄动改正项参数。参考历元的卫星开普勒轨道参数也称为参考星历,它是根据 GPS 监测站约一周的观测资料推算的。

参考星历只代表卫星在参考历元的瞬时轨道参数。但是在摄动力的影响下,卫星的实际轨道随后将偏离其参考轨道,偏离的程度主要取决于观测历元与所选参考历元间的时间差。一般来说,如果我们用轨道参数的摄动项对已知的卫星参考星历加以改正,就可以外推出任意观测历元的卫星星历。

为了保持卫星广播星历的必要精度,一般采用限制预报星历外推时间间隔的方法。为此,GPS 跟踪站每天都利用其观测资料更新用以确定卫星参考星历的数据,以计算每天卫星轨道参数的更新值,并且每天按时将其注入相应的卫星加以储存,以更新卫星的参考轨道之用。据此,GPS 卫星发射的广播星历,每小时更新一次,以供用户使用。这样,如果将上述计算参考星历的参考历元选在两次更新星历的中央时刻,则外推的时间间隔最大将不会超过 0.5 h,从而可以在采用同样摄动力模型的情况下,有效地保持外推轨道参数的精度。预报星历的精度在 SA 政策取消后,卫星的三维点位精度可达 5 ~ 7 m。

广播星历的内容包括:参考历元瞬间的开普勒 6 个参数,反映摄动力影响的 9 个参数,以及 1 个参考时刻和星历数据龄期,共计 17 个星历参数。这些参数通过 GPS 卫星发射的含有轨道信息的导航电文传递给用户。

二、精密星历

精密星历是根据地面跟踪站所获得的精密观测资料计算而得到的星历,它是一种不包含外推误差的实测星历,可为用户提供观测时刻的卫星精密星历,其精度可达厘米级。这种星历不是通过 GPS 卫星的导航电文向用户传递的,而是由一些国家的某些部门,根据各自建立的卫星跟踪站所获得的对 GPS 卫星的精密观测资料,应用与确定广播星历相似的方法而计算出的卫星星历。由于这种星历通常是在事后向用户提供的在其观测时间的卫星精密轨道信息,因此称为后处理星历或精密星历。

目前,精度高、使用广泛的精密星历当数国际 GNSS 服务组织 IGS 提供的精密星历,该产品可免费下载(Http://cddis. gsfc. nasa. gov)。

（一）IGS 卫星星历产品

国际 GNSS 服务（International GNSS Service，IGS），其目的是为全球科研机构及时提供 GNSS 数据和高精度的星历，以支持世界范围内的地球物理学研究。

IGS 提供的服务有高精度的 GPS 卫星星历；最终的 GLONASS 卫星星历；地球自转参数；IGS 跟踪站的坐标和速率；GPS 跟踪站的时钟信息；电离层数据；对流层数据；所有 GPS 卫星的高质量轨道和预测轨道；以 RINEX 格式提供每个 IGS 跟踪站的日或小时相位和伪距观测等。

IGS 提供的 GPS 卫星星历产品见表 2-2。

表 2-2　IGS 提供的 GPS 卫星星历产品

卫星星历	精度（cm）	滞后时间	更新率	采样间隔（min）
广播星历	~100	实时		15
超快星历（预报部分） IGU（predicted）	~5	实时	1 次/6 h，UTC 3^h，9^h，15^h，21^h	15
超快星历（实测部分） IGU（observed）	~3	3 ~9 h	1 次/6 h，UTC 3^h，9^h，15^h，21^h	15
快速星历（IGR）	~2.5	17 ~41 h	1 次/d，UTC 17^h	15
最终星历（IGS）	~2.5	12 ~18 d	1 次/d，UTC 17^h	15

注：1. 超快星历每天发布 4 次，该星历包含 48 h 的危险轨道，前 24 h 根据观测值计算，后 24 h 为预报星历。
2. 表中精度为三个坐标分量 *X*、*Y*、*Z* 的平均 *RMS* 值，是与独立 *SLR* 观测结果比较求得的。

（二）SP3 格式的精密星历

IGS 精密星历采用 SP3 格式，全称为标准产品第 3 号（Standard Product #3）。精密星历的 SP3 最初发布的版本为“a”，后续版本的更新将采用小写字母的顺序排列，已于 2006 年 1 月升级为 c 版，即 SP3 - c（The Extended Standard Product 3 Orbit Format）。SP3 的存储方式为 ASCII 文本文件，基本内容包括卫星位置、卫星钟记录，此外还可包含卫星的运行速度和钟的变率。若在第一行有位置标志“P”，则表示未包含卫星速度信息；若在第一行有速度标志“V”，则表示包含卫星速度和钟的变率信息。

IGS 精密星历采用的是 IERS（国际地球自转服务）发布的 ITRF（International Terrestrial Reference Frame）框架，ITRF 的构成是基于 VLBI、LLR、SLR、GPS 和 DORIS 等空间大地测量技术的观测数据，由 IERS 中心局分析得到的全球站坐标和速度场。

常用 SP3 格式的命名规则为：tttwwwwd. sp3。其中：ttt 表示星历的类型（IGS、IGR、IGU），wwww 表示 GPS 周；d 表示星期，0 表示星期日，1 ~6表示星期一至星期六。文件名如：igs11711. sp3，其中 igs 为机构名称，1171 为 GPS 周，1 为星期一。

模块三　GNSS 卫星信号及其测量

问题(1)解决后,得到了卫星某一时刻的位置。要想确定接收机的位置,进行定位,需要解决问题(2),获得卫星至接收机的距离。

用户接收机接收的卫星信号主要有导航电文(D 码)、测距码(伪随机噪声码)和载波相位。导航电文(D 码)包含卫星广播星历等信息,可用来计算卫星瞬时位置,模块二已介绍。测距码和载波相位主要用来量测卫星到接收机的距离,是本模块讲述的重点。

知识点一　GNSS 测距码信号与伪距测量

GNSS 测距码用于测定卫星至接收机的距离,以二进制编码的形式存在,在本知识点我们首先介绍伪随机码的概念,然后介绍 GNSS 测距码(包含 GPS、GLONASS、GALILEO、BDS 系统),最后讲述伪距测量原理。

一、GNSS 测距码

码是由表达不同信息的二进制数(0 或 1)及其组合组成的,如 00、01、10、11 等。对于一组码序列,在某一时刻出现数字 0 或 1 的概率是随机的,这种完全无规律的码序列称为随机噪声码。随机噪声码序列是一种非周期性的序列,无法复制,但具有良好的自相关性。自相关性指两个结构相同的码序列的相关程度,即两个码序列的相应码元是否"对齐"。

GNSS 测量中,采用了伪随机噪声码(Pseudo Random Noice,PRN)进行卫星到接收机距离的量测,伪随机码是一种貌似随机但实际上是有规律的周期二进制序列,具有良好的自相关性、特定的编码规则,并具有周期性、可复制性,便于测量。

(一)GPS 测距码

根据性质和用途的不同,GPS 卫星发射的测距码信号中包含了 C/A 和 P 码两种伪随机噪声码信号,各卫星所用的测距码互不相同。

1. C/A 码(Coarse/Acquisition Code)

用于进行粗略测距和捕获精码的测距码称为粗码,也称捕获码,它被调制在 L1 载波上,是 1.023 MHz 的伪随机噪声码(PRN 码),由卫星上的原子钟所产生的基准频率 $f_0 = 10.23$ MHz 降频 10 倍产生,即 $f_{C/A} = f_0/10 = 1.023$ MHz。由于每颗卫星的 C/A 码都不一样,因此经常用它们的 PRN 号来区分卫星。

C/A 码的码长较短,为了捕获 C/A 码以测定卫星信号传播的时间延迟,通常对 C/A 码进行逐个搜索,而完成这个过程约需 20.5 s,易于捕获。而通过捕获 C/A 码所得到的卫星提供的导航电文信息,又可以方便地捕获 P 码,所以,通常称 C/A 码为捕获码。

C/A 码的特征是:码长 $Nu = 2^{10} - 1 = 1\ 023$ bit;码元宽度 $tu \approx 0.977\ 52$ us,相应长度为 293.1 m;周期 $Tu = Nu \cdot tu = 1$ ms;数码率 BPS = 1.023 Mbit/s。GPS 星座中的不同卫星使用结构各异的 C/A 码,这样既便于复制,又易于区分。

C/A 码如按码元对齐误差为码元宽度的 1/10～1/100 计算，则测距精度为 29.3～2.93 m。C/A 码是一种结构公开的明码，供全世界所有的用户免费使用。由于其测量精度较低，所以称 C/A 码为粗捕获码。

2. P 码(Precision Code)

用于精确测定从 GPS 卫星至接收机距离的测距码称为精码。它被调制在 L1 和 L2 载波上，是 10.23 MHz 的伪随机噪声码，直接使用由卫星上的原子钟所产生的基准频率，即 $f_p = f_0 = 10.23$ MHz。

P 码的特征是：码长 $Nu \approx 2.35 \times 10^{14}$ bit；码元宽度 tu = 0.097 752 us，相应长度 29.3 m，周期 $Tu = Nu \cdot tu \approx 267$ d；数码率 BPS = 10.23 Mbit/s。

若两个序列的码元相关误差为码元宽度的 1/100，则此时所引起的测距误差为 0.293 m，仅为 C/A 码的 1/10，故用它来测距可获得较精确的结果，所以 P 码可用于较精密的导航和定位，称为精码。

因为 P 码的码长较长，在 GPS 导航和定位中，如果采用搜索 C/A 码的办法来捕获 P 码，即逐个码元依次进行搜索，那将是无法实现的，不易捕获。因此，一般先捕获 C/A 码，然后根据导航电文中给出的有关信息，便可捕获 P 码。

(二) GLONASS 测距码

GLONASS 卫星信号与美国 GPS 系统不同，采用频分多址(FDMA)方式，根据载波频率来区分不同卫星(GPS 是码分多址(CDMA)，所有 GPS 卫星的载波频率是相同的，根据调制码来区分卫星)，所有卫星发射相同的测距码。

GLONASS 测距码与 GPS 类似，包含 C/A 码和 P 码两种伪随机噪声码。

1. C/A 码

GLONASS 卫星的 C/A 码测距码仅长 511 个码元，周期为 1 ms，码率为 0.511 Mcps，一个码片长 586.7 m。由于 GLONASS 卫星的 C/A 码比 GPS 卫星的 C/A 码(1 023 bit)短一半，因此对 GLONASS 卫星的捕获能更快完成。

2. P 码

GLONASS 卫星的 P 码是一个截短伪随机序列。截短后，P 码长 1 s，含 5 110 000 个码片，码率为 5.11 Mcps，是 C/A 码码率的 10 倍。P 码没有加密，但俄罗斯官方并没有公布其可靠性，因此 P 码的使用含有潜在的风险。

(三) GALILEO 测距码

GALILEO 采用扩频技术发送信息，GALILEO 卫星信号由测距码和数据信息构成，使用较 GPS 信号更复杂的信号结构。

GALILEO 每颗卫星在每个频率上所播发的每个信号分量均调制了一个不同的测距码序列。与 GPS 信号上的测距码不同，GALILEO 信号上的测距码全部为阶梯码。该阶梯码由主码和副码两个伪码距构成，长度可以很长。信号强时，只对主码或副码进行搜索和捕获，必要时才对整个测距码进行搜索和捕获。

(四) BDS 测距码

北斗卫星导航系统公开服务信号为 B1I 信号测距码(简称 $C_{B1\ I}$)码，码速率为 2.046 Mcps，码长为 2 046 码片。

二、测码伪距测量

测码伪距测量是通过测量 GNSS 卫星发射的测距码信号到达用户接收机的传播时间 Δt,从而计算出接收机至卫星的距离 ρ:

$$\rho = \Delta t c \tag{3-1}$$

式中 Δt——传播时间;

c——光速。

由上式可知,在已知光速的条件下,要得到卫星到接收机的距离,只需测量卫星信号的传播时间 Δt 即可。

测码伪距测量的过程如下(见图 3-1):

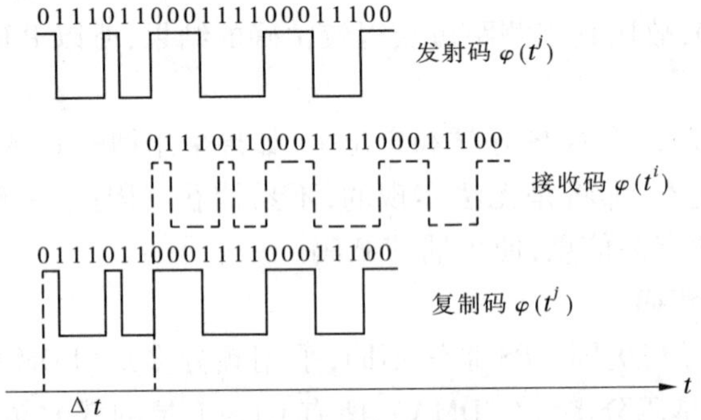

图 3-1 测码伪距测量

导航卫星在卫星钟的某一时刻 t^j 发射出某一测距码信号,用户接收机依照接收机时钟在同一时刻也产生一个与发射码完全相同的码(称为复制码)。卫星发射的测距码信号经过 Δt 时间在接收机时钟的 t^i 时刻被接收机收到(称为接收码),接收机通过时间延迟器将复制码向后平移若干码元,使复制码信号与接收码信号达到最大相关(即复制码与接收码完全对齐,相关系数 $R=1$),并记录平移的码元数。平移的码元数与码元宽度的乘积,就是卫星发射的码信号到达接收机天线的传播时间 Δt,又称时间延迟。

上述测量过程可知,如用测距码来测定伪距,接收机必须能产生相同的测距码(复制码),然后不断变动延迟时间,搜索卫星信号,直到相关系数为 1 完成测量。受卫星钟和接收机钟钟差的影响,以及受卫星信号在电离层和对流层中真实传播速度并不等于 c 的影响,测得距离 ρ 并非卫星到接收机的真实距离,而是包含上述误差,因此称为伪距。

知识点二 GNSS 载波信号与相位测量

由于导航卫星离地面比较高,低频信号(如导航电文和测距码)很难传输到地面附近,为了确保测距码和导航电文传输成功,GNSS 载波信号(高频信号)最初是作为测距码和导航电文的载体用来传送信号的。因此,载波的定义为:可运载调制信号的高频振荡波。

GNSS 测量应用中,由于测码伪距的量测精度过低,无法满足高精度定位的需要,而载波波长比测距码的码长短,可以达到很高的精度。因此,载波相位观测值常被用来进行高精度定位服务,而测距码常被用来进行导航服务。

一、GNSS 载波信号

(一)GPS 载波信号

GPS 卫星现代化前,发射两种频率的载波信号:f_1 = 1 575.42 MHz、f_2 = 1 227.60 MHz,它们由卫星上的原子钟所产生的基准频率 f_0 = 1.023 MHz 倍频 154 倍和 120 倍产生,波长分别为 19.03 cm 和 24.42 cm。由于它们均位于微波的 L 波段,故分别称为 L1 载波和 L2 载波。

随着科技的发展,GPS 自身固有缺陷逐渐暴露出来。更为重要的是,美国为确保其在全球的政治、经济、军事等领域的绝对优势,对 GPS 系统进行了重大革新,这就是 GPS 现代化。

美国 GPS 现代化中,发射 Block ⅡR 卫星更换 Block Ⅱ/ⅡA 卫星。与 Block Ⅱ/ⅡA 相比,Block ⅡR 卫星在 L2 载波上增设 C/A 码;在 L1 和 L2 载波上各增设一个军用伪噪声码(M 码);可根据指令增强 L2 载波上的 P 码、L1 载波上的 P 码和 C/A 的功率。Block ⅡR - M 卫星的功能更强:能进行卫星间的距离测量;能在轨自主更新和精化 GPS 卫星的广播星历;能进行星间在轨数据通信;在无地面监控系统干预的情况下,可自主导航。发射 Block ⅡF 卫星,Block ⅡF 卫星除具有 Block ⅡR 卫星的全部功能外,增加第三民用信号 L5 (1 176.45 MHz),并增加了卫星间的数据通道。

(二) GLONASS 载波信号

GLONASS 载波信号与美国 GPS 系统不同,采用频分多址(FDMA)方式,根据载波频率来区分不同卫星,则第 i 颗卫星发射的两种载波的频率分别为:$f_1 = 1\,602 + 0.562\,5(i-1)$ MHz 和 $f_2 = 1\,246 + 0.437\,5(i-1)$ MHz,其中 $i = 0 \sim 24$ 为每颗卫星的频率编号(其中 0 号卫星用作试验)。

由于 GLONASS 卫星根据载波频率区分不同卫星,占用的频率较多,受到国际无线电咨询委员会的异议。由此,GLONASS 卫星在新一代发射的 GLONASS - K1 卫星上,增发了 L3 频段的首个 CDMA 导航信号,这是 GLONASS 现代化的开始,今后 CDMA 信号的发射主要集中在 L1、L2 频段。作为 GLONASS - K1 卫星的改进,GLONASS - K2 卫星将增加 3 个CDMA 导航信号,正在研制的 GLONASS - KM 卫星将增加 L5 载波,CDMA 信号达到 8 个。

(三)GALILEO 卫星信号

GALILEO 卫星信号和 GPS 类似,采用 4 种位于 L 波段的多频来发射,其频率分别为 E5a:1 176.45 MHz;E5b:1 207.14 MHz;E6:1 278.75 MHz;E2 - L1 - E1(简称 L1):1 575.42 MHz。

GALILEO 卫星采用扩频技术发射导航定位信号,发射的 6 种导航定位信号分别为 L1F(民用信号)、L1P(约束信号)、E6C(控制信号)、E6P(约束信号)、E5A(民众信号)、E5B(民众信号)。可见,GALILEO 信号分为公用信号和专用信号,其目的在于采用数据压缩技术进行某些分量的编码,提高导航卫星的多用性,缩短首次导航定位的时间。

(四)北斗卫星载波信号

北斗卫星发射的信号为 1 561.098 MHz 和 1 589.742 MHz,码速率为 2.046 cps,带宽为 4.092 MHz 的 B1(I)和 B1 - 2(I)公开服务信号;中心频点为 1 207.14 MHz,码速率为 2.046 cps,带宽为 24 MHz 的 B2(I)信号;中心频点为 1 268.52 MHz 的授权信号 B3。信号复用方式为码分多址(CDMA)。

二、载波相位测量

载波相位测量是通过测量 GNSS 卫星发射的载波信号从导航卫星发射到接收机的传播路程上的相位变化，从而确定传播距离，因而又称为测相伪距测量。

若卫星 S 发出一载波信号，该信号向各处传播。设某一瞬间，该信号在接收机 R 处的相位为 φ_R，在卫星 S 处的相位为 φ_S，若载波的波长为 λ，从某一起点开始计算，为方便计算，均以周数为单位，则卫星 S 至接收机 R 间的距离为 $\rho=\lambda(\varphi_S-\varphi_R)$，但我们无法测量出卫星上的相位。如果接收机的振荡器能产生一个频率与初相和卫星载波信号完全相同的基准信号，问题便迎刃而解，因为任何一个瞬间在接收机处的基准信号的相位就等于卫星处载波信号的相位。因此，$\varphi_S-\varphi_R$ 就等于接收机产生的基准信号的相位与接收到的来自卫星的载波信号相位之差。

根据上述测距思想，载波信号的相位测量可通过以下过程测得（见图 3-2）：

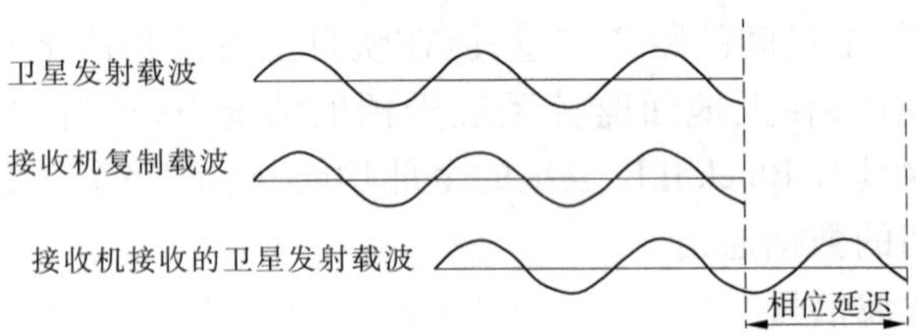

图 3-2 载波相位测量

某一卫星钟时刻 t^j 卫星发射载波信号 $\varphi^j(t^j)$，与此同时接收机内振荡器复制一个与发射载波的初相和频率完全相同的参考载波 $\varphi_i(t^j)$，在接收机钟时刻 t_i 被接收机收到的卫星载波信号 $\varphi_i(t_i)$ 与此时的接收机参考载波信号的相位差，就是载波信号从卫星传播到接收机的相位延迟（载波相位观测量）。

因此，接收机在接收机钟时刻 t_i 观测卫星 S^j 的相位观测量可写为

$$\Phi_i^j(t_i)=\varphi_i(t_i)-\varphi^j(t^j)=\varphi_i(t_i)-\varphi_i(t^j) \tag{3-2}$$

根据简谐波的物理特性，上述的载波相位观测量 $\Phi_i^j(t_i)$ 可以看成整周部分 $N_i^j(t_i)$ 和不足一周的小数部分 $\delta\varphi_i^j(t_i)$ 之和，即有

$$\Phi_i^j(t_i)=N_i^j(t_i)+\delta\varphi_i^j(t_i) \tag{3-3}$$

实际上，在进行载波相位测量时，接收机只能测定不足一周的小数部分 $\delta\varphi_i^j(t_i)$。因为载波信号是一个单纯的正弦波，不带有任何标志，所以我们无法确定正在量测的是第几个整周的小数部分，于是便出现了一个整周未知数 $N_i^j(t_i)$，或称整周模糊度。如何快速而正确地求解整周模糊度是 GNSS 测相伪距观测中要研究的一个关键问题。

对于某颗卫星 S^j，从初始时刻 t_0 到某一时刻 t_i 的观测测量过程如下（见图 3-3）：

当锁定（跟踪）到卫星信号后，在初始观测历元 t_0 有

$$\varphi_i^j(t_0)=N_i^j(t_0)+\delta\varphi_i^j(t_0) \tag{3-4}$$

卫星信号在历元 t_0 被跟踪后，随着卫星的运动，载波相位变化的整周数便被接收机自动计数，所以对其后的 t_i 时刻的总相位变化可表达为

$$\Phi_i^j(t_i)=N_i^j(t_0)+N_i^j(t_i-t_0)+\delta\varphi_i^j(t_i) \tag{3-5}$$

式中 $N_i^j(t_0)$——初始历元的整周未知数，在卫星信号被锁定后就确定不变，是一个未知常

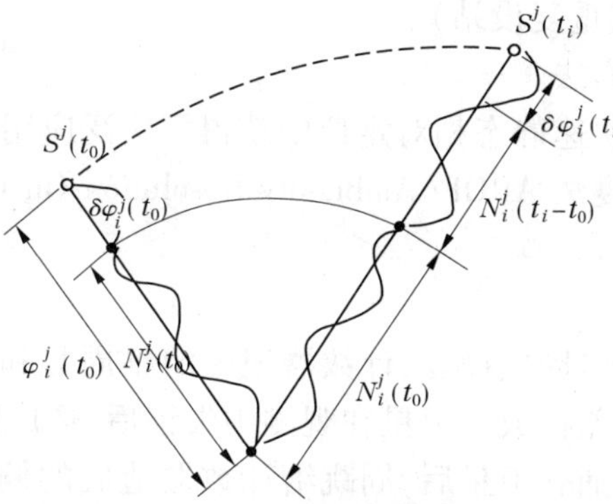

图 3-3　载波相位测量原理

数，是通常意义上所说的整周待定值（整周未知数）；

$N_i^j(t_i - t_0)$——从初始历元 t_0 到后续观测历元 t_i 之间载波相位变化的整周数，可由接收机自动连续计数来确定，是一个已知量，又叫整周计数；

$\delta\varphi_i^j(t_i)$——后续观测历元 t_i 时刻不足一周的小数部分相位，是可测定的观测量。

若取

$$\varphi_i^j(t_i) = N_i^j(t_i - t_0) + \delta\varphi_i^j(t_i) \tag{3-6}$$

则 $\varphi_i^j(t_i)$ 是载波相位的实际观测量，即用户接收机相位观测输出值。

因此，式(3-5)可写为

$$\Phi_i^j(t_i) = N_i^j(t_0) + \varphi_i^j(t_i) \tag{3-7}$$

设载波信号的波长为 λ，则卫星到接收机的几何距离为

$$\rho_i^j(t_i) = \lambda\Phi_i^j(t_i) \tag{3-8}$$

三、整周模糊度与周跳

（一）整周模糊度的确定

载波相位测量中，初始整周未知数的确定是一个关键问题，只要确定了整周未知数，则测相伪距方程就和测码伪距方程一样了。如何准确而快速地解算整周未知数对提高定位精度和效率、缩短定位时间有着重要的意义。

目前，解算整周模糊度的方法有多种，如按解算所需时间的长短可分为经典静态相对定位法和快速解算法。经典静态相对定位法是将整模糊度作为待定量与其他未知参数在平差计算中一并求解。为了提高解的可靠性，所需观测时间较长。快速解算法主要包括交换天线法、P 码双频技术、滤波法和模糊函数法，时间只需几分钟。

整周未知数解算常用的方法有：

（1）伪距法。

（2）待定参数估计法。把整周模糊度当作平差计算中的待定参数来加以估计和确定。根据基线的长度不同，一般可采用整数解和浮点解两种方法。整数解适用于短基线，由这种整周未知数的整数解获得的待定点坐标估值也称为固定解。浮点解适用于基线较长的静态相对定位，由实数整周未知数获得的待定点坐标估值称为浮点解。

（3）三差法（多普勒法）。

（4）走走停停法（go and stop）。适用于动态测量。

(5)两次设站法(往返式重复设站)。

(6)快速整周模糊度搜索法。

(7)滤波法。该方法在快速静态相对定位中获得了广泛应用。

(8)动态确定整周模糊度法 AROF(Ambiguity Resolution On the Fly)。该方法被应用于RTK 技术。

(二)周跳的探测与修复

完整的载波相位由初始整周模糊度、计数器记录的整周数和接收机基频信号与接到卫星信号的小于一周部分相位差构成。卫星在观测中失锁后,造成接收机载波整周计数误差,这种现象称为周跳。当重新捕获卫星后,周跳给计数器造成的偏差即为中断期间丢失的整周数,小周跳可以通过检测方法发现并加以修复,大的周跳或较长时间的失锁,周跳不易修复,需要重新固定整周模糊度。周跳的探测及修复对于载波相位精密定位至关重要,成功修复才能获得高精度的结果。

(1)周跳产生的原因。卫星信号暂时阻断;仪器线路暂时故障;外界环境的突变干扰,如电离层、动态变化等。

(2)检测周跳的主要方法。屏幕扫描法;高次差或多项式拟合法;卫星间求差;平差后残差分析等。

探测和修复周跳的方法很多,究竟采用何种方法要根据具体情况而定。如双频观测值利用电离层延迟来寻找和修复周跳也很简便有效。在开始时可采用较简便精度不高的方法,旨在发现和修复大周跳,然后采用精度较高的公式来寻找并修复小周跳,并通过残差来加以检验。

知识点三 GNSS 用户接收机

随着 GNSS 定位技术的迅速发展和应用领域的日益扩大,许多厂商都在积极研制、开发适用于不同需求的用户接收机及相应的接收机数据处理软件。

目前,GNSS 接收机设备生产商提供的产品种类很多,但拥有较成熟产品的不外乎几家,我国测绘市场中国外接收机占有较大份额的有 Trimble、Leica、Topcon、Ashtech、加拿大诺瓦太(NoVAteL)等;国内主要有南方、中海达、华测等产品,北京、苏州光学仪器厂也有自己的 GNSS 设备研制与开发。

一、GNSS 接收机分类

GNSS 接收机可按不同的标准进行分类:按用途、载波频率、工作原理、通道数、接收的卫星系统数、作业模式及接收机结构等。

(一)按用途分类

1. 导航型接收机

导航型接收机常见的有车载型、航海型、航空型、星载型等。主要用于确定车辆、船舶、飞机、导弹等运动载体的实时位置和速度,以确保载体按预定路线航行。导航型接收机一般采用测码伪距为观测量进行单点实时定位,或实时差分定位,精度较低。这类接收机结构简单,价格便宜,应用广泛。

2. 测量型接收机

测量型接收机主要指适用于精密大地测量和精密工程测量等各类测量工作的接收机。这类接收机一般采用双频载波相位观测量进行测量,精度高,结构较复杂,价格较贵。

3. 授时型接收机

授时型接收机是利用原子钟提供的高精度时间标准进行授时,主要用于天文台或地面监控站,进行时频同步。这类接收机结构简单。

(二)按接收机的载波频率分类

1. 单频接收机

单频接收机只能接收单一载波信号(如 GPS 卫星 L1 载波),测定载波相位观测值进行定位。由于其不能有效消除电离层延迟影响,单频接收机只适用于短基线精密定位和导航。

2. 双频接收机

可以同时接收两个载波信号(如 GPS 卫星 L1 和 L2 载波)进行定位测量与导航的接收机称为双频接收机。利用双频技术可以消除或大大减弱电离层折射对观测量的影响,因而在长基线解算及差分定位上可获得高精度的定位结果。

(三)按工作原理分类

1. 码相关型接收机

码相关型接收机是利用码相关技术得到伪距观测值。

2. 平方型接收机

平方型接收机是利用载波信号的平方技术去掉调制信号,来恢复完整的载波信号,通过相位计测定接收机内产生的载波信号与接收到的载波信号之间的相位差。

3. 混合型接收机

这种仪器综合了上述两种接收机的优点,既可以得到码伪距,也可以得到载波相位观测值。

4. 干涉型接收机

这种接收机将卫星作为射电源,采用干涉测量方法,测定两个测站间的距离。

(四)按接收机的通道数分类

GNSS 接收机需要跟踪多颗卫星,对于来自不同卫星的信号,必须首先将它们分离开,以便进行处理,测量获得不同卫星信号的观测量。而接收机的通道,主要作用就是将接收到的不同卫星信号加以分离,以实现对各卫星信号的跟踪、处理和量测。

1. 多通道接收机

具有多个卫星信号通道,而每个通道只连续跟踪一个卫星信号的接收机称为多通道接收机。这种接收机也称为连续跟踪型接收机。

2. 序贯通道接收机

序贯通道接收机通常只具有 1 ~ 2 个通道。为了跟踪多个卫星信号,在软件的控制下,能按时序依次对各个卫星信号进行跟踪和量测。由于对所测卫星依次量测一个循环所需要时间较长(>20 ms),所以其对卫星信号的跟踪是不连续的。

3. 多路复用通道接收机

多路复用通道接收机与序贯通道接收机相似,一般有 1 ~ 2 个通道,在相应软件的控制下,按时序依次对所有观测量卫星的信号进行量测。其与序贯通道接收机的区别是:对所测卫星信号量测一个循环的时间较短(≤20 ms),可以保持对卫星信号的连续跟踪。

(五)按接收卫星系统分类

1. 单星系统接收机

通常只具有跟踪接收 1 个卫星导航定位系统能力的信号接收机称为单星系统接收机,如 GPS 接收机、GLONASS 接收机、北斗接收机等。

2. 双星系统接收机

具有同时跟踪 2 个卫星导航定位系统能力的信号接收机称为双星系统接收机,如 GPS\GLONASS 集成接收机。

3. 多星系统接收机

具有同时跟踪 2 个以上卫星导航定位系统能力的卫星信号接收机称为多星系统接收机,如 GPS\GLONASS\EGNOS 集成接收机、GPS\GLONASS\GALILEO 接收机、GPS\GLONASS\BDS 接收机等。

二、GNSS 接收机基本结构

GNSS 接收机基本结构主要由天线单元、接收单元和电源三部分组成。天线单元的主要功能是将卫星信号非常微弱的电磁波转化为电流,并对这种信号电流进行放大和变频处理。而接收单元的主要功能是对经过放大和变频处理的信号电源进行跟踪、处理和测量(见图 3-4)。

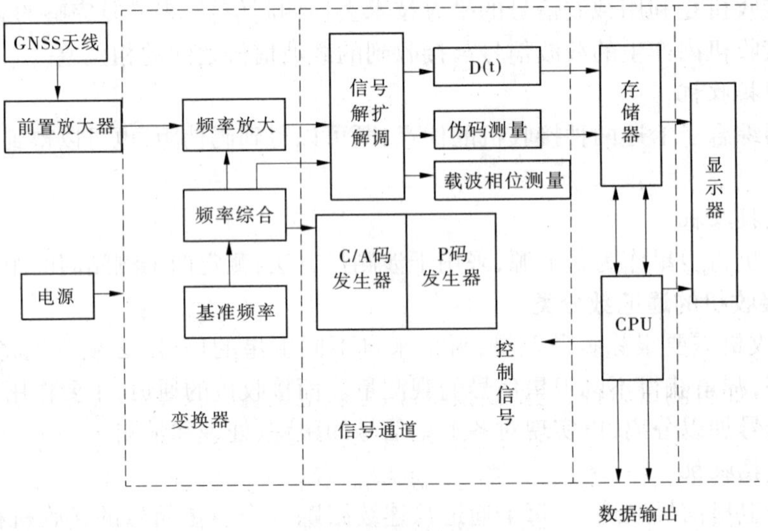

图 3-4　GNSS 接收机的基本结构

(一)天线单元

天线单元由接收天线和前置放大器两个部件组成。基本功能是接收卫星信号,并把卫星信号的能量转化为相应的电流量,经过前置放大器,将微弱的信号电流予以放大,送入频率变换器进行频率变换,以便接收机对信号进行跟踪和量测。

GNSS 接收机的天线有多种类型,常见的有单极天线、螺旋形天线、微带天线、锥形天线等。

1. 单极天线

这种天线属于单频天线，结构简单，体积小。需安装在一块基板上，以利于减弱多路径影响。

2. 螺旋形天线

这种天线频带宽，全圆极化性能好，可接收来自任何方向的卫星信号。也属于单频天线，不能进行双频接收，常用作导航型接收机天线。

3. 微带天线

微带天线是在一块介质板的两面贴以金属片，结构简单、坚固、质量轻、高度低，可用于单频或双频接收机。目前，大部分测量型天线都是微带天线。

4. 锥形天线

这种天线是在介质锥体上，利用印刷电路技术在其上制成导电圆锥螺旋表面，也称盘旋螺线形天线。这种天线可同时在两个频道上工作，主要优点是增益性好。但由于天线较高，而且螺旋线在水平方向上不完全对称，因此天线的相位中心与几何中心不完全一致 。所以，在安装天线时要仔细定向，使之得以补偿。

5. 扼流圈天线

这种天线的主要优点是可以有效地抑制多路径误差的影响，但这种天线体积较大且重。

（二）接收单元

GNSS 信号接收机的接收单元主要由变频器、信号通道单元、微处理器、存储单元、计算和显示控制单元、电源等几部分组成。

经过接收机前置放大器的信号仍然很微弱，为了使接收机通道得到稳定的高增益，并且使高频段的射频信号变成低频信号，必须采用变频器。

信号通道是接收单元的核心部件，它不是一种简单的信号通道，而是一种由硬件和相应的控制软件相结合的有机体。它的主要功能是跟踪、处理和量测卫星信号，以获得导航定位所需要的数据和信息。

微处理器是 GNSS 接收机工作的灵魂，接收机工作都是在微机指令统一协同下进行的。

接收机内设存储器，用于存储卫星星历、卫星历书，接收机采集到的码相位伪距观测值、载波相位观测值及人工测量数据等。数据存储设备采用 PC 卡或内存。在接收机内还装有多种工作软件，如自测试软件、卫星预报软件、导航电文解码软件、单点定位软件等。

GNSS 接收机显示控制单元通常包括一个视屏显示窗和一组控制键盘，它们有的安设在接收单元的面板上，有的作为一个独立的终端设备。它是人机对话的窗口，通过它可对接收机进行配置，并让接收设备按照配置的要求去工作。通过它可输入一些信息，如测站名、天线高、点的坐标等，还可通过它调用存储在接收机里的数据信息和功能，是 RTK 作业必不可少的工具。接收机内的处理软件是实现 GNSS 定位数据采集和通道自校检测自动化的重要组成部分，它主要用于信号捕获、环路跟踪和点位计算。

（三）电源单元

GNSS 接收机电源一般有两种：内电源和外接电源。内电源一般采用锂电池，主要用于 RAM 存储器供电，以防止数据丢失；外接电源常采用可充电的 12 V 直流镉镍电池组或锂电池，有的也可采用汽车电瓶。当用交流电时，需经过稳压电源或专用电流交换器。

模块四 GNSS 定位方法

通过模块二和模块三的学习，解决了问题（1）和问题（2），获得了卫星某一时刻的位置和卫星到接收机的距离。根据上述数据，要想解算出接收机的位置，需要解决问题（3），即用户采用何种 GNSS 定位方法，在顾及误差影响的条件下，来解算用户接收机的位置。

本模块涉及 GNSS 定位方法、定位误差影响等知识内容。

知识点一 GNSS 定位方法

一、卫星定位方法分类

利用 GNSS 进行定位的方法有多种，可按不同的分类标准进行分类（见表 4-1）。

表 4-1 GNSS 定位方法分类

分类标准	定位方法
按照参考点位置不同分类	绝对定位、相对定位
按接收机作业中的运动状态不同分类	静态定位、动态定位
按采用观测值类型不同分类	伪距定位、载波相位定位
按定位结果的时效性分类	实时定位、事后定位

下面将对表 4-1 中不同卫星定位分类方法进行简单介绍。

（一）按照参考点位置不同分类

（1）绝对定位。在协议地球坐标系中，利用一台接收机来测定该点相对于协议地球质心的位置，也叫单点定位。这里可认为参考点与协议地球质心相重合。GPS 定位所采用的协议地球坐标系为 WGS－84 坐标系，因此绝对定位的坐标最初成果为 WGS－84 坐标。

（2）相对定位。在协议地球坐标系中，利用两台以上的接收机测定观测点至某一地面参考点之间的相对位置，也就是测定地面参考点到未知点的坐标增量。由于星历误差和大气折射误差有相关性，所以通过观测量求差可消除这些误差，因此相对定位的精度远高于绝对定位的精度。

（二）按用户接收机在作业中的运动状态不同分类

（1）静态定位。在定位过程中，将接收机安置在测站点上固定不动。严格来说，这种静止状态只是相对的，通常指接收机相对于其周围点位没有发生变化。

（2）动态定位。在定位过程中，接收机处于运动状态。

（三）按采用观测值类型的不同分类

（1）伪距定位。卫星定位中，接收机位置的解算如果是采用测距码观测值进行计算的，那这种定位方法就称为伪距定位。伪距定位精度低，一般用于实时导航等精度要求不高的领域。

(2)载波相位定位。卫星定位中,接收机位置的解算如果是采用载波相位观测值进行确定的,那这种定位方法就称为载波相位定位。载波相位定位精度高,一般用于精密定位、精度要求高的领域。

(四)按定位结果的时效性分类

(1)实时定位。如果接收机位置的确定是实时解算得到的,这种定位方法就称为实时定位。

(2)事后定位,又称后处理定位。如果接收机位置的解算是采用事后处理的方法得到的,那这种定位方法就称为事后定位。

实际中采用的卫星定位方法往往是上述几种定位方法的交叉。GNSS 绝对定位和相对定位中按静态和动态两种方式分为静态绝对定位、动态绝对定位、静态相对定位和动态相对定位。在上述分类的基础上,可根据采用观测值类型(伪距或载波相位)的不同进一步划分,并在此基础上根据时效性(实时和事后)再进一步划分。

二、绝对定位

绝对定位又叫单点定位,该方法在定位解算时只需一台接收机即可。单点定位如考虑接收机天线所处状态不同,可分为静态单点定位和动态单点定位;如再考虑采用的是伪距还是载波相位观测值,又可进一步分为伪距静态单点定位、伪距动态单点定位、载波相位静态单点定位与载波相位动态单点定位。

实际应用中,由于该方法采用的观测值基本上是伪随机测距码,所以又称为伪距单点定位(见图 4-1)。该作业方法一般采用广播星历和测距码观测值进行坐标解算,数据处理简单,作业速度快,灵活方便,但定位精度较差,多用于对定位精度要求不高的测量和导航等领域。

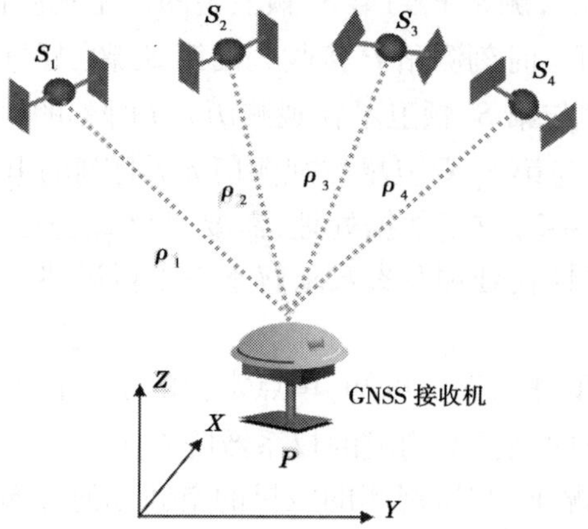

图 4-1 单点定位

为了满足单点定位用户高精度的需求,随着单点定位技术的发展,出现了采用精密星历产品、精密卫星钟差产品、载波相位观测值以及精密定位数学模型为基本特征的精密单点定位(Precise Point Positioning,PPP)技术。PPP 技术从根本上讲属于单点定位范畴,该方法由美国喷气推进实验室(JPL)的 Zumberge 于 1997 年提出,采用单机静态观测一天的数据,经处理后内符合精度水平分量为几毫米，高程分量为几厘米；处理全球动态数据的内符合精度水平分量为 8 cm，高程分量为 20 cm。目前，PPP 技术在数千万平方千米乃至全球范围内，一般静态定位的点位平面位置精度可达 1～3 cm，高程精度可达 2～4 cm，实时定位的精度可达分米级。本知识点主要讲述采用测码伪距观测量的伪距单点定位方法。

（一）伪距单点定位观测方程

按照 GNSS 定位基本原理（模块一知识点三）可知，要解算接收机（待定点）三个坐标分量参数（X、Y、Z），理论上需要 3 颗卫星建立三个方程即可。但卫星到接收机高精度距离的量测需依靠卫星钟和接收机钟的准确性。其中，卫星上安置的原子钟稳定度很高，而接收机处的时钟是石英钟，稳定度一般，故须将接收机钟差作为一个待定参数。由此，增加一个参数，就需增加一个方程，多一个方程，就需多一颗卫星。因此，实际定位中需要 4 颗或 4 颗以上的卫星方可进行单点定位，此时观测方程的建立过程如下。

如设某时刻 t，用户接收机待定位置 P 为（x_{ue}, y_{ue}, z_{ue}），接收机到四颗导航卫星中第 i 颗卫星的（S_1、S_2、S_3、S_4）的距离为 ρ_i，第 i 颗卫星的三维坐标为（$x_{sv}^i, y_{sv}^i, z_{sv}^i$），$i = 1,2,3,4$，则第 i 颗卫星的观测方程为

$$\rho_i = \sqrt{(x_{sv}^i - x_{ue})^2 + (y_{sv}^i - y_{ue})^2 + (z_{sv}^i - z_{ue})^2} + c\delta t_{ue}(t) \tag{4-1}$$

式中　c——光速；

$\delta t_{ue}(t)$——接收机钟差。

在式（4-1）的基础上，如果考虑卫星钟差并顾及大气折射的电离层及对流层延迟误差的影响，则非线性观测方程为

$$\rho_i = \tilde{\rho}_P^S(t) = \rho_P^S(t) + c\delta t_{ue}(t) - c\delta t^S(t) + \delta t_{trop}^S(t) + \delta t_{ion}^S(t) \tag{4-2}$$

$$\rho_P^S(t) = \sqrt{(x_{sv}^i - x_{ue})^2 + (y_{sv}^i - y_{ue})^2 + (z_{sv}^i - z_{ue})^2}$$

式中　$\rho_P^S(t)$——观测历元 t，测站 P 到第 S_i 颗卫星的理想几何距离；

$\tilde{\rho}_P^S(t)$——观测历元 t，测站 P 到第 S_i 颗卫星的伪距观测值；

$\delta t^S(t)$——观测历元 t 时刻测站 P 接收到的第 S_i 颗卫星信号的卫星钟差；

$\delta t_{trop}^S(t)$——测站 P 与第 S_i 颗卫星在观测历元 t 时刻的对流层延迟误差；

$\delta t_{ion}^S(t)$——测站 P 与第 S_i 颗卫星在观测历元 t 时刻的电离层延迟误差。

为了便于计算机对式（4-2）进行数据处理，需要对该式进行线性化处理，进而求解未知参数，并进行精度评定。线性化处理及参数求解本书不再讲述，具体可参考相关书籍。

（二）精度评价

根据绝对定位点位精度评定知识可知，单点定位的定位精度除与观测量的精度 σ_0 有关外，还取决于观测矢量的方向余弦所构成的权系数阵 Q_Z（q_{11}、q_{22}、q_{33}、q_{44} 为 Q_Z 的主对角线元素），即在地面点一定的情况下，与所观测的卫星的空间几何分布有关。因此，在 GNSS 观测时，应对观测卫星进行选择。

为了评价定位的结果，除可应用上述方法来估算每个未知参数解的精度外，在导航学中，一般采用精度衰减因子 DOP 来评价定位的精度。位置解的精度 m_x 由下式定义：

$$m_x = \sigma_0 DOP \tag{4-3}$$

式中　σ_0——伪距测量中误差。

在实际应用中，可以采用不同的几何精度评价模型和相应的精度衰减因子。

(1)平面位置精度衰减因子 *HDOP*。

$$HDOP = \sqrt{q_{11} + q_{22}} \tag{4-4}$$

相应的平面位置精度为

$$m_H = \sigma_0 HDOP \tag{4-5}$$

(2)高程精度衰减因子 *VDOP*。

$$VDOP = \sqrt{q_{33}} \tag{4-6}$$

相应的高程精度为

$$m_V = \sigma_0 VDOP \tag{4-7}$$

(3)空间位置精度衰减因子 *PDOP*。

$$PDOP = \sqrt{q_{11} + q_{22} + q_{33}} \tag{4-8}$$

相应的空间位置精度为

$$m_P = \sigma_0 PDOP \tag{4-9}$$

(4)接收机钟差精度衰减因子 *TDOP*。

$$TDOP = \sqrt{q_{44}} \tag{4-10}$$

相应的钟差精度为

$$m_T = \sigma_0 TDOP \tag{4-11}$$

(5)几何精度衰减因子 *GDOP*:描述空间位置误差和时间误差综合影响的精度衰减因子。

$$\begin{aligned} GDOP &= \sqrt{q_{11} + q_{22} + q_{33} + q_{44}} \\ &= \sqrt{(PDOP)^2 + (TDOP)^2} \end{aligned} \tag{4-12}$$

相应的中误差为

$$m_G = \sigma_0 GDOP \tag{4-13}$$

由绝对定位精度评定公式可知:*DOP* 是权系数阵 Q_Z 的主对角线元素的函数。因此,*DOP* 的数值与所测卫星的几何分布图形有关。

假设观测站与4颗观测卫星所构成的六面体体积为 V,经分析,精度衰减因子 *GDOP* 与该六面体体积 V 成反比:

$$GDOP \propto \frac{1}{V} \tag{4-14}$$

一般来说,六面体的体积越大,所测卫星的空间分布范围就越大,*GDOP* 的值就越小;反之,六面体的体积越小,所测卫星的分布范围就越小,则 *GDOP* 的值就越大。但是在实际观测中,为了减弱大气折射的影响,卫星高度角不能过低(一般不小于5°),所以必须在这一条件下,尽可能使所测卫星与测站所构成的六面体的体积接近最大。

三、相对定位

相对定位采用两台或两台以上的 GNSS 接收机同步观测相同的卫星,由于卫星的轨道误差、卫星钟差、接收机钟差以及大气层延迟误差等对观测量的影响具有一定的时空相关性,因此可以通过两测站(或两个以上测站)同步采集卫星观测数据,利用这些观测量及其不同组合,按照测站、卫星、历元三种要素来求差(差分技术),可以大大削弱上述误差的影响,从而提高定位精度。因此,相位定位有时也称为差分 GNSS 定位。

根据定位过程中接收机所处的状态不同,相对定位可分为静态相对定位(所有接收机静止不动)、动态相对定位(接收机部分静止,另一部分运动)以及动态对动态的相对定位(所有接收机都运动)。动态对动态的相对定位可称为动动相对定位,这种定位方法中的参考站是一个移动参考站,其他流动站参考它进行定位测量,主要应用于舰队管理、战场指挥、编队飞行、卫对卫定轨、飞行器安全接近、自动驾驶等方面。本书以下论述不涉及这种定位方法,主要讲述静态相对定位和动态相对定位。

在上述分类的基础上,根据采用的观测值类型(伪距、载波相位)的不同可进一步分为伪距静态相对定位、伪距动态相对定位、载波相位静态相对定位及载波相位动态相对定位。实际应用中,伪距静态相对定位方法应用较少,因此本书主要讲述伪距动态相对定位、载波相位静态相对定位及载波相位动态相对定位的方法。

(一)伪距动态相对定位

动态相对定位过程中,由基准站接收机通过数据链发送修正数据,用户站接收该修正数据并对测量结果进行改正处理,以获得精确的定位结果。

动态相对定位存在三部分误差:第一部分为每一个用户接收机所公有的,包括卫星钟误差、星历误差、电离层误差、对流层误差等;第二部分为不能由用户测量或由校正模型来计算的传播延迟误差;第三部分为各用户接收机所固有的误差,包括内部噪声、通道延迟、多路径效应等。利用差分技术,第一部分误差可以完全消除,第二部分误差可以大部分消除,其主要取决于基准接收机和用户接收机的距离,第三部分误差则无法消除。

伪距动态相对定位又称伪距差分 GNSS,指将一台或若干台 GNSS 接收机安置在固定的观测站上静止不动,基准站在协议地球坐标系中的坐标是已知的,GNSS 流动站接收机安装在运动载体上,在运动过程中,GNSS 流动站接收机与基准站接收机同步观测一组 GNSS 卫星,并采用测码伪距作为观测值来确定载体在每个观测历元的瞬时位置。

伪距动态相对定位按照对卫星信号的处理时间不同,分为实时伪距差分 GNSS 和后处理差分 GNSS。对于需要实时获得定位结果的用户,需采用实时差分 GNSS;无需立即获得定位结果的用户,可采用后处理的模式。

伪距差分 GNSS 根据基准站发送的修正数据不同分为位置差分和伪距差分,按照工作原理及数学模型可分为单基准站差分、局域差分和广域差分。

1. *位置差分*

基本原理:使用基准站的位置改正数去修正流动站的位置计算值,以求得比较精确的流动站位置。

位置差分计算简单,只需在解算的坐标中加进改正数即可,对接收机要求不高,适用于各种型号的接收机。但位置差分要求流动站用户接收机和基准站接收机能同时观测同一组卫星,这样就限制了流动站的作业距离。

2. *伪距差分*

基本原理:将基准站的伪距改正数传送给流动站用户,去修正流动站的伪距观测量,从而消除或减弱公共误差的影响,以求得比较精确的流动站位置。

伪距差分时,只需要基准站提供所有卫星的伪距改正数,而用户接收机观测任意 4 颗卫星,就可以完成定位。与位置差分相似,伪距差分能将两测站的公共误差抵消。但随着用户到基准站距离的增加，系统误差将增大，这种误差用任何差分法都无法消除，因此伪距差分的基线长度不宜过长。

3. 单基准站差分 GNSS（SRDGNSS）

单基准站差分指根据一个基准站提供的差分改正信息进行改正的差分 GNSS 技术，简称 SRDGNSS（Single Reference - station Differential GNSS）。单基准站差分系统由基准站、数据通信链及用户等组成。该方法数学模型简单，用户只需按通常方法进行单点定位，然后在定位结果上加上坐标改正数（位置差分），或在伪距观测值上加上距离改正数（距离差分），最终求得用户坐标信息。

单基准站差分 GNSS 随着用户与基准站距离的增加，误差的相关性逐渐减弱，定位精度随之下降。一般用户离基准站的距离小于 20 km 时，定位精度可达亚米级，距离增加到 200 km 时，定位精度下降到 5 m 左右。

4. 局域差分 GNSS（LADGNSS）

局域差分 GNSS 技术是在区域中布设一个差分 GNSS 网，该网由若干个差分 GNSS 基准站组成，通常还包含一个或数个监控站。位于该局部区域中的用户，接收多个基准站所提供的修正信息，采用加权平均法或最小方差法进行平差计算求得自己的修正数，从而对用户的观测结果进行改正，获得高精度的定位结果。这种差分 GNSS 定位系统称为局域差分 GNSS（Local Area Differential GNSS with Multi - reference Station，简称 LADGNSS）。

LADGNSS 系统由多个基准站、监测站及用户等构成。各个基准站独立进行观测，分别计算差分改正数并向外播发。LADGNSS 系统一般也设立监测站。每个基准站与用户之间均有无线电数据通信链，用户站与基准站之间的距离一般在 500 km 以内才能获得较好的精度，距离增加到 600 km 时，定位精度为 3 ~ 5 m。

5. 广域差分 GNSS（WADGNSS）

广域差分 GNSS 指在一个相当大的区域内，较为均匀地布设少量的基准站组成一个稀疏的差分 GNSS 网，各基准站独立进行观测并将观测值传送给数据处理中心，由数据处理中心进行统一处理，以便将各种误差分离出来，然后将计算的卫星星历改正数、卫星钟差改正数及大气延迟模型等播发给用户，这种差分系统称为广域差分 GNSS（Wide Area Differential GNSS，简称 WADGNSS）。

广域差分 GNSS 的基本思想是对 GNSS 观测量的误差源加以区分，并单独对每一种误差源分别加以模型化，然后将计算出的每种误差源的数值通过数据链传输给用户，以对用户 GNSS 定位的误差加以改正，达到削弱这些误差源，改善用户定位精度的目的。GNSS 误差源主要表现在三个方面：星历误差、大气延迟误差和卫星钟差。广域差分 GNSS 系统就是为削弱这三种误差源而设计的一种工程系统。

广域差分 GNSS 系统一般由一个中心站、几个监测站、数据通信网络及覆盖范围内的若干用户等组成。WADGNSS 将中心站、基准站与用户站间距离从 100 km 增加到 2 000 km，且定位精度无明显下降；对于大区域内的 WADGNSS 网，需要建立的监测站很少，具有较大的经济效益；WADGNSS 系统的定位精度分布均匀，且定位精度较 LADGNSS 高；其覆盖区域可以扩展到远洋、沙漠等 LADGNSS 不易作用的区域；WADGNSS 使用的硬件设备及通信工具昂贵，软件技术复杂，运行维持费用较 LADGNSS 高得多。

(二)载波相位静态相对定位

安置在基线两端点的 GNSS 接收机相对于周围的参照物固定不动,通过连续观测获得充分的多余观测数据,并解算基线向量的定位方法,称为静态相对定位(见图 4-2)。

该方法一般采用载波相位观测值作为基本观测量,定位时,如何快速而精确地确定整周未知数是关键,为了可靠地确定载波相位的整周未知数,一般需要较长的观测时间。在整周未知数确定的情况下,随着观测时间的延长,相对定位的精度不会显著提高。

由于静态相对测量测站点距离相对较近,两测站点所受到的误差(如卫星星历误差、卫星钟差、大气延迟误差、接收机误差等)具有很强的时空相关性,通过在不同测站、卫星及历元间求差(单差、双差及三差),能有效地消除或减弱误差对定位结果的影响,提高定位精度。

假设安置在基线端点的 GNSS 接收机 $T_i(i=1,2)$ 相对于卫星 S^j 和 S^k 于历元 t_i($i=1,2$)进行同步观测(见图 4-3),载波相位观测量如下:$\varphi_1^j(t_1)$,$\varphi_1^j(t_2)$,$\varphi_1^k(t_1)$,$\varphi_1^k(t_2)$,$\varphi_2^j(t_1)$,$\varphi_2^j(t_2)$,$\varphi_2^k(t_1)$,$\varphi_2^k(t_2)$,则单差、双差及三差可表示为以下形式:

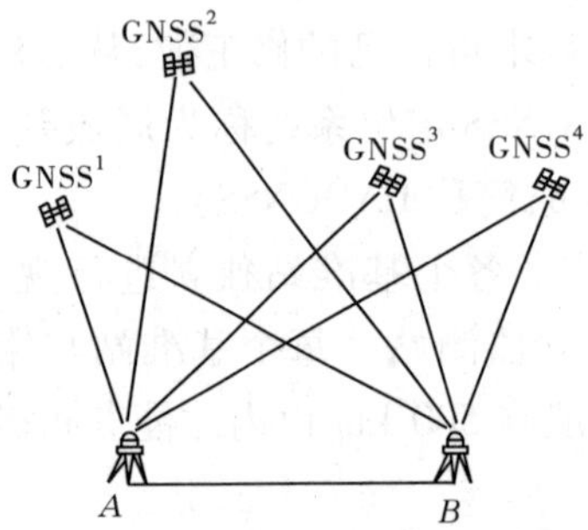

图 4-2　载波相位静态相对定位

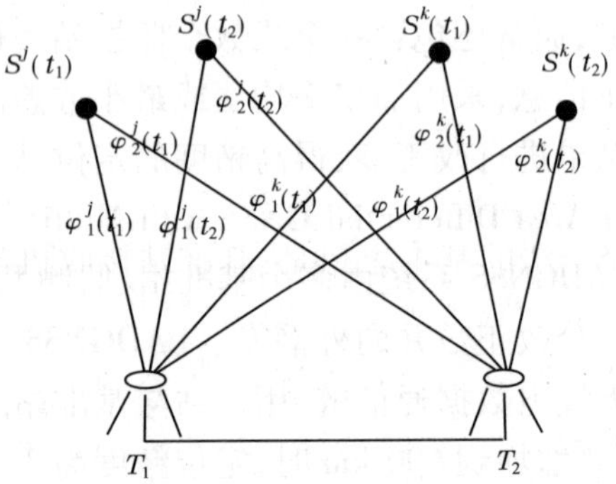

图 4-3　相对定位观测量

(1)单差(Single – Difference):不同观测站同步观测同一颗卫星所得观测量之差,计算式为

$$\Delta\varphi^j = \varphi_2^j(t) - \varphi_1^j(t) \tag{4-15}$$

单差组合可以消除卫星钟差影响,削弱卫星星历误差的影响,同时如果两测站相距较近,同一卫星到两个测站的传播路径上的电离层、对流层延迟误差相近,取单差可进一步明显减弱大气延迟的影响。

(2)双差(Double – Difference):不同观测站同步观测同组卫星所得的观测量单差之差,计算式为

$$\begin{aligned}\nabla\Delta\varphi^k(t) &= \Delta\varphi^k(t) - \Delta\varphi^j(t)\\ &= [\varphi_2^k(t) - \varphi_1^k(t)] - [\varphi_2^j(t) - \varphi_1^j(t)]\end{aligned} \tag{4-16}$$

双差组合可将接收机的钟差影响完全消除,大气折射残差取二次差可以略去不计,这是双差模型的突出优点,但随之造成了双差观测方程数的减少。

(3)三差(Triple – Difference):不同历元同步观测同组卫星所得的观测量双差之差,计算式为

$$\begin{aligned}\delta\nabla\Delta\varphi^k(t) &= \nabla\Delta\varphi^k(t_2) - \nabla\Delta\varphi^k(t_1)\\ &= [\Delta\varphi^k(t_2) - \Delta\varphi^j(t_2)] - [\Delta\varphi^k(t_1) - \Delta\varphi^j(t_1)]\end{aligned}$$

$$= \{[\varphi_2^k(t_2) - \varphi_1^k(t_2)] - [\varphi_2^j(t_2) - \varphi_1^j(t_2)]\} - \{[\varphi_2^k(t_1) - \varphi_1^k(t_1)] - [\varphi_2^j(t_1) - \varphi_1^j(t_1)]\} \quad (4\text{-}17)$$

三差模型可进一步消除整周模糊度的影响，但使得观测方程的数量进一步减少，这对未知数的解算造成了不利影响。

（三）载波相位动态相对定位

动态相对定位中，如采用载波相位观测值进行差分解算，以此求得用户接收机位置的方法，称为载波相位动态相对定位。动态相对定位按获取定位结果的时效性，分为实时动态相对定位和事后动态相对定位。

实际应用中，载波相位动态相对定位常用的有常规 RTK 技术和网络 RTK 技术。

1. 常规 RTK 技术

位置差分和伪距差分能满足米级定位精度，广泛用于导航等领域。为了获取厘米级的实时定位精度，需要采用载波相位作为观测值进行差分定位测量，这种定位方法称为 RTK（Real Time Kinematic）技术。其基本原理是：由基准站通过数据链实时地将其载波相位观测量及基准站坐标信息一同发送到用户站，并与用户站的载波相位观测量进行差分处理，适时地给出用户站的精确坐标。

载波相位差分定位又可分为修正法与求差法。

修正法的基本思想是：基准站接收机与卫星之间的载波相位改正数在基准站解算出，并通过数据链发送给流动站用户接收机，并利用此伪距改正数去修正用户接收机到观测卫星之间的载波相位，获得比较精确的用户站至卫星的伪距，再采用它计算用户站的位置。

求差法的基本思想是：基准站不再计算载波相位修正数，而是将其观测的载波相位观测值由数据链实时发送给用户站接收机，然后由用户站接收机进行载波相位求差，再解算出用户的位置。采用该方法的 RTK 定位过程为：用户接收机静态观测若干历元，并接收基准站发送的载波相位观测量，采用静态观测程序，求出整周模糊度，并确认此整周模糊度正确无误。这一过程称为初始化。将确认的整周模糊度代入双差方程。由于基准站的位置坐标是精确测定的已知值，两颗卫星的位置坐标可由星历参数计算出来，故双差方程中只包含用户在协议地球系中的位置坐标作为未知数，此时可利用观测到的卫星进行求解。

由上可知，修正法与伪距差分法原理相同，是准 RTK 技术；载波相位求差法通过对观测方程进行求差来解算用户站的实时位置，才是真正的 RTK 技术。

常规 RTK 定位原理为：基准站把接收到的所有卫星信息（包括伪距和载波相位观测值）和基准站的一些信息（如基准站坐标、天线高等）都通过无线电通信系统传递到流动站，流动站在接收卫星数据的同时也接收基准站传递的卫星数据。在流动站完成初始化后，把接收到的基准站信息传送到控制器内并将基准站的载波观测信号与本身接收到的载波观测信号进行差分处理，即可实时求得未知点的坐标（见图 4-4）。

常规 RTK 定位精度为厘米级，算法较为简单，技术成熟，作业距离随着离基准站距离的增加，精度逐渐降低，因此需不断迁站，主要适用于小范围的差分定位测量。

2. 网络 RTK 技术

网络 RTK 技术是在常规 RTK 技术、计算机技术、通信网络技术等基础上发展起来的一

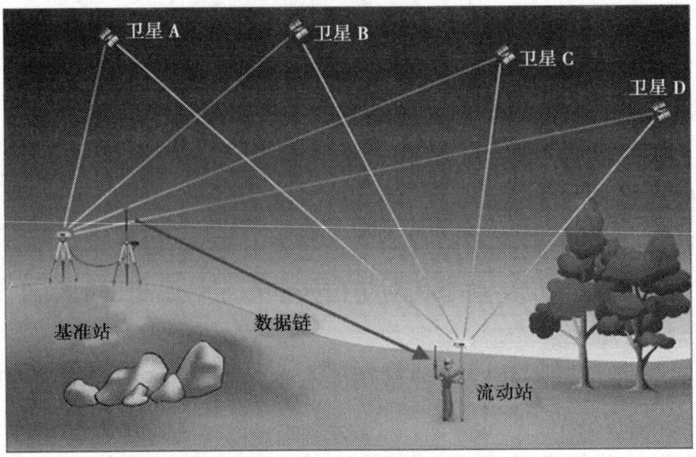

图 4-4　常规 RTK 测量

种实时动态定位技术,是对常规 RTK 技术的改进。常规 RTK 技术存在着一定的局限性:用户需要架设本地的参考站;定位精度随离基站距离的增长而逐渐降低;误差随距离的增长而增加使流动站和参考站的距离受到限制,流动站离基站的距离一般小于 15 km;可靠性和可行性随距离增加逐渐降低;常规 RTK 数据传输方式和定位解算模式很难实现数据和解的实时质量控制。网络 RTK 技术的意义在于它能克服以上局限性,扩展 RTK 的作业距离和应用范围,保证定位结果的可靠性和精度。

网络 RTK 工作的基本思路是:在一定区域范围内布设一定数量的 GNSS 参考站(一般不小于 3 个)构成相应的网络,利用观测得到的载波相位等观测值,采用一定的算法解算 GNSS 改正信息并对用户位置进行实时改正定位(见图 4-5)。

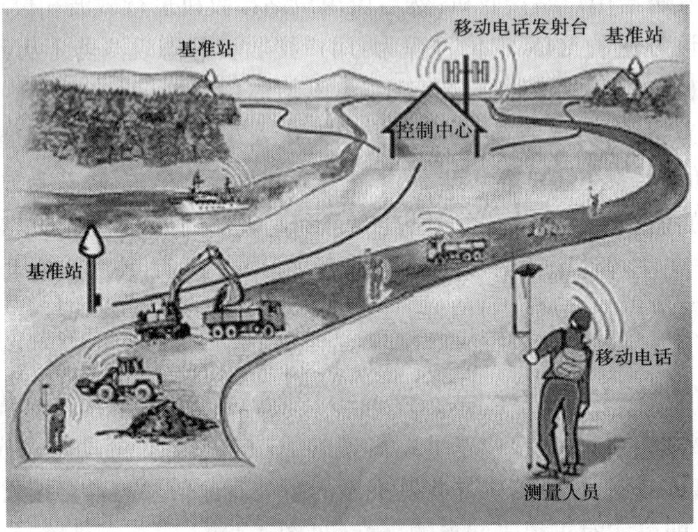

图 4-5　网络 RTK 测量

目前,应用于网络 RTK 数据处理的算法技术有虚拟参考站技术(VRS)、主辅站技术(MAX)、区域改正数技术(FKP)和综合内插技术(CBI)等(具体介绍见案例六)。

知识点二 GNSS 定位误差

一、GNSS 测量误差的分类

GNSS 测量误差按误差性质可分为系统误差与偶然误差两类。偶然误差主要包括信号的多路径效应、天线姿态误差等，系统误差主要包括卫星的星历误差、卫星钟差、接收机钟差以及大气折射误差等。其中，系统误差无论是误差的大小还是对定位结果的危害性，都比偶然误差要大得多，它是 GNSS 测量的主要误差源。同时，系统误差有一定的规律可循，可采取一定的措施加以消除。如建立误差改正模型对观测值进行改正，或选择良好的观测条件，采用恰当的观测方法等。

GNSS 测量误差根据误差的来源，可分为来源于导航卫星、卫星信号传播过程和地面接收设备的误差。在高精度 GNSS 测量中，还应考虑与地球整体运动有关的地球潮汐、相对论效应等。在分析研究误差对 GNSS 测量的影响时，往往将误差化算为卫星至观测站的距离，以相应的距离误差表示，称为等效距离误差。本知识点将按照 GNSS 测量误差的来源来分析误差，并提出应对措施。

二、与卫星有关的误差

与 GNSS 卫星有关的误差主要包括卫星星历误差和卫星钟的钟误差。

(一)卫星星历误差

卫星星历误差主要是卫星轨道偏差。估计与处理卫星的轨道偏差较为困难，其主要原因是，卫星在运行中要受到多种摄动力的复杂影响，而通过地面监测站难以可靠地测定这种作用力并掌握其作用规律。目前，卫星轨道信息是通过导航电文得到的。应该说，卫星轨道误差是当前 GNSS 测量的主要误差来源之一。测量的基线长度越长，此项误差的影响就越大。

在 GNSS 定位测量中，处理卫星轨道误差有以下几种方法：

(1)忽略轨道误差。广泛地用于精度较低的实时单点定位工作中。

(2)建立自己的卫星跟踪网独立定轨。

(3)采用轨道改进法处理观测数据。这种方法是在数据处理中引入表征卫星轨道偏差的改正参数，并假设在短时间内这些参数为常量，将其与其他未知数一并求解。

(4)同步观测值求差。这一方法是利用两个或多个观测站对同一卫星的同步观测值求差，以减弱卫星轨道误差的影响。该方法对于精密相对定位具有重要的意义。

(二)卫星钟的钟误差

尽管 GNSS 卫星均设有高精度的原子钟(如 GPS 系统的铷钟和铯钟)，但是它们与理想的 GNSS 时之间仍存在着难以避免的偏差和漂移。

对于卫星钟的这种偏差，一般可由卫星的主控站通过对卫星钟运行状态的连续监测确定，并通过卫星的导航电文提供给接收机。经钟差改正后，各卫星之间的同步差即可保持在 20 ns 以内。

在相对定位中，卫星钟差可通过观测量求差(或差分)的方法消除。

（三）相对论效应

卫星钟和接收机钟所处的状态（运动速度和重力位）不同而引起卫星钟和接收机钟之间产生相对钟误差的现象即相对论效应。从地面观测，卫星钟走得慢，一般通过卫星时钟频率预调为 $10.23\ \text{MHz} \times (1-4.449 \times 10^{-10}) = 10.229\ 999\ 995\ 45\ \text{MHz}$。

三、与卫星信号有关的误差

与卫星信号有关的误差主要包括大气折射（电离层折射和对流层折射）误差和多路径效应。

（一）电离层折射的影响

GNSS 卫星信号和其他电磁波信号一样，当通过电离层时，将受到这一介质弥散特性的影响，使其信号的传播路径发生变化。当 GNSS 卫星处于天顶方向时，电离层折射对信号传播路径的影响最小，而当卫星接近地平线时，影响最大。为了减弱电离层的影响，在 GNSS 定位中通常采取下列措施：

（1）利用双频观测。由于电离层的影响是信号频率的函数，所以利用不同频率的电磁波信号进行观测，便能确定其影响，从而对观测量加以修正。因此，具有双频的 GNSS 接收机在精密定位测量中得到了广泛的应用。不过应当明确指出，在太阳辐射强的正午或在太阳黑子活动的异常期，应尽量避免观测，尤其是精密定位测量。

（2）利用电离层模型加以修正。对于单频 GNSS 接收机，为了减弱电离层的影响，一般采用导航电文提供的电离层模型，或其他适合的电离层模型对观测量加以修正。但这种模型仍在完善中，目前模型改正的有效率约为 75%。

（3）利用同步观测值求差。这一方法是利用两台或多台接收机对同一卫星的同步观测求差，以减弱电离层折射的影响，尤其当观测站间的距离较近时（<20 km），由于卫星信号到达各观测站的路径相近，所经过的介质状况相似，因此通过各观测站对相同卫星信号的同步观测值求差，便可显著地减弱电离层折射影响，其残差将不会超过 0.000 001。对于单频 GNSS 接收机而言，这种方法极为重要。

（二）对流层折射的影响

对流层折射对观测值的影响，可分为干分量与湿分量。干分量主要与大气的湿度及压力有关，而湿分量主要与信号传播路径上的大气湿度有关。对于干分量的影响，可通过地面的大气资料计算；湿分量目前尚无法准确测定。对于短基线（<50 km），湿分量的影响较小。对于对流层折射的影响，一般有以下几种处理方法：

（1）定位精度要求不高时，可不考虑其影响。

（2）采用对流层模型进行改正。

（3）采用观测量求差的方法。与电离层的影响相类似，当观测站间相距不远（<20 km）时，由于信号通过对流层的路径相近，对流层的物理特性相近，所以对同一卫星的同步观测值求差，可以明显地减弱对流层折射的影响。

（三）多路径效应影响

多路径效应亦称多路径误差，是指接收机天线除直接收到卫星发射的信号外，还可能收到经天线周围地物一次或多次反射的卫星信号，信号叠加将会引起测量参考点（相位中心点）位置的变化，从而使观测量产生误差，而且这种误差随天线周围反射面的性质而异，难以控制。试验资料表明,在一般反射环境下,多路径效应对测码伪距的影响可达米级,对测相伪距的影响可达厘米级。而在高反射环境下,不仅其影响将显著增大,而且常常导致接收的卫星信号失锁和使载波相位观测量产生周跳。因此,在精密导航和测量中,多路径效应的影响是不可忽视的。

目前,减弱多路径效应影响的措施有:

(1)安置接收机天线的环境,应避开较强的反射面,如水面、平坦光滑的地面以及平整的建筑物表面等。

(2)选择造型适宜且屏蔽良好的天线等。

(3)适当延长观测时间,削弱多路径效应的周期性影响。

(4)改善 GNSS 接收机的电路设计,减弱多路径效应的影响。

四、与接收机有关的误差

与 GNSS 接收机设备有关的误差主要包括观测误差、接收机钟差、天线相位中心误差和载波相位观测的整周不定性影响。

(一)观测误差

观测误差包括观测的分辨误差及接收机天线相对于测站点的安置误差等。一般认为观测的分辨误差约为信号波长的1%。

接收机天线相对于观测站中心的安置误差,主要是天线的安置对中误差以及量取天线高的误差。在精密定位工作中,必须认真、仔细操作,以尽量减小这种误差的影响。

(二)接收机的钟差

尽管 GNSS 接收机装有高精度的石英钟,其日频率稳定度可以达到 10^{-11},但对载波相位观测的影响仍是不可忽视的。

处理接收机钟差较为有效的方法如下:

(1)将每个时刻的接收机钟差作为未知参数参与平差。

(2)将各观测时刻的接收机钟差看成是相关的,由此建立一个钟差模型,并表示为一个时间多项式的形式,然后在观测量的平差计算中统一求解,得到多项式的系数,因而也得到接收机的钟差改正。

(3)通过星际一次差分可消除接收机钟差的影响。

(三)天线的相位中心位置偏差

定位中,实际上天线的相位中心位置随着信号输入的强度和方向不同而有所变化,即观测时相位中心的瞬时位置(称为视相位中心)与理论上的本单位中心位置将有所不同。天线相位中心的偏差对相对定位结果的影响,根据天线性能的优劣,可达数毫米至数厘米。所以对于精密相对定位,这种影响是不容忽视的。

在实际工作中,如果使用同一类型的天线,在相距不远的两个或多个观测站上同步观测同一组卫星,那么便可通过观测值求差,以削弱相位中心偏移的影响。需要注意的是,安置各观测站的天线时,均需按天线附近的方位标进行定向,使之根据罗盘指向磁北极。

模块五 GNSS 时空参考系统

通过上述模块的学习,逐个解决了问题(1)~(3)。在问题解决的过程中,我们遇到了以下问题:

(1)通过计算得到的卫星瞬时坐标、接收机解算的坐标是什么坐标?如何得到用户所需坐标?不同 GNSS 系统采用什么坐标?它们之间是什么关系?如何表示?这些问题的解决涉及坐标类型(坐标系统)、坐标的表现形式(如大地坐标、空间直角坐标等)及坐标转换等知识。

(2)卫星是运动的,坐标随什么时间在变化?如果用户接收机也在运动,那解算得到的接收机移动坐标采用的是什么时间?我们通过学习还知道卫星到接收机距离的量测也是依据时间完成的,它是什么时间?此外,不同 GNSS 系统采用的时间是否相同?如不相同,是否有联系?这些诸多问题的解答涉及时间系统的知识。

本模块首先介绍时空参考系统的概念,然后讲述坐标系统和时间系统等知识内容。

测量的基本任务就是要确定物体在空间的位置、姿态及其随时间的变化,而对这些特征的描述涉及物体的位置信息、高程信息、时间信息以及重力信息。为了精确地定量表示这些信息,需要建立一定的坐标系统、高程系统、时间系统以及重力系统,这些系统称为时空参考系统。

时空参考系统包含系统的定义与实现两部分,它的具体实现称为时空参考框架。时空参考系统的建立需要一些必要的几何、物理等参数,我们一般把它称为时空基准。因此,以坐标系统为例,一个完整的坐标系统由坐标系和基准两方面要素构成。坐标系指描述空间位置的表达形式(如空间直角坐标系、空间大地坐标系、平面直角坐标系等),基准指的是为描述空间位置而定义的一系列点、线、面、体等几何物理参数。

在大地测量学中的基准一般指为确定点在空间中的位置,而采用的地球椭球或参考椭球的几何参数与物理参数,其在空间的定位、定向方式,以及在描述空间位置时所采用的单位长度的定义。大地基准面是利用特定椭球体对特定地区地球表面的逼近,每个国家或地区均有各自的大地基准面,因此对于同一地理位置,相对不同的大地基准面,它们的经纬度坐标是有差异的。基准面是在椭球体基础上建立的,但椭球体不能代表基准面,同样的椭球体能定义不同的基准面。

GNSS 测量技术是通过搭载在不同载体上的 GNSS 接收机接收卫星信号来测定载体的位置、速度等信息的。测量的对象一般位于地球表面和近地空间,其空间位置随地球自转而变动,而 GNSS 卫星围绕地球质心旋转且与地球自转无关。因此,在卫星定位中,需建立两类坐标系统(天球坐标系、地球坐标系)和相应的时间系统。天球坐标系是一种惯性坐标系,其坐标原点及各坐标轴指向在空间保持不变,用于描述卫星运行位置和状态。地球坐标系则是与地球相关联的坐标系,用于描述地面点的位置。建立卫星运动的坐标系与地面点所在的坐标系之间的关系,从而实现坐标系之间的转换。

知识点一　坐标系统

GNSS 导航定位所采用的坐标系与常规测量采用的坐标系相同之处甚多，但也具有自己的特点：

（1）由于地球在公转的过程中存在着自转，GNSS 测量中把导航卫星作为动态的已知点，由此卫星与地面点的相对位置关系是时刻变化的。为了便于描述卫星轨道及其位置，须建立与天球固连的空固天球坐标系。同时，为了便于描述地面点的位置，须建立与地球固连的地固地球坐标系。因此，GNSS 定位测量的坐标系可分为空固天球坐标系和地固地球坐标系。

（2）经典大地测量中地球形状、大小的确定是根据全球局部测量数据计算的，在确定参考椭球的基础上建立坐标系。而 GNSS 卫星测量中，地球形状、大小的确定不是以区域大地测量数据为依据建立的局部坐标系，所确定的椭球为国际椭球，建立的地球坐标系是真正意义上的全球坐标系。

（3）GNSS 导航卫星围绕地球运转主要受万有引力的作用，而经典大地测量主要是以几何原理为基础的，因而 GNSS 定位测量采用的地球坐标系的原点与经典大地测量坐标系的原点不同。经典大地测量是根据本国的大地测量数据进行参考椭球体定位，以参考椭球体中心为原点建立坐标系，称为参心坐标系。而 GNSS 定位的地球坐标系原点在地球的质量中心，称为地心坐标系。因此，进行 GNSS 测量时，常需进行地心坐标系与参心坐标系的转换。

（4）对于小区域测量而言，经典测量工作通常无须考虑坐标系的问题，只需简单地使测量点与已知点的坐标系一致即可，而 GNSS 测量中，无论测区多么小，都会涉及 GNSS 系统采用的地球坐标系与当地参心坐标系的转换问题。

GNSS 导航定位中所采用的坐标系见表 5-1。

表 5-1　GNSS 测量坐标系分类

坐标系分类	坐标系特征
空固天球坐标系与地固地球坐标系	空固天球坐标系与天球固连，与地球自转无关，用来描述天体位置较方便。地固地球坐标系与地球固连，随地球一起转动，用于描述地面点位置较方便
地心坐标系与参心坐标系	地心坐标系以地球的质量中心为原点，如 WGS84、CGCS2000 和 ITRF 参考框架。参心坐标系以参考椭球的几何中心为原点，如 1954 年北京坐标系和 1980 西安坐标系
空间直角坐标系、球面坐标系、大地坐标系及平面直角坐标系	经典大地测量采用的坐标系通常有两种：一是以大地经纬度表示点位的大地坐标系，二是将大地经纬度进行高斯投影或横轴墨卡托投影后的平面直角坐标系。在 GNSS 测量中，为进行不同大地坐标系之间的坐标转换，还会用到空间直角坐标系和球面坐标系
国家统一坐标系与地方独立坐标系	我国国家统一坐标系常用的是 1980 西安坐标系和 1954 年北京坐标系，采用高斯投影，分 6°带和 3°带，而对于许多城市和工程建设而言，因高斯投影变形以及高程归化变形而引起实地上两点间的距离与高斯平面距离有较大差异，为便于实际使用，常采用地方独立坐标系，即以通过测区中央的子午线为中央子午线，以测区平均高程面代替参考椭球面进行高斯投影而建立相应的坐标系

一、协议天球坐标系

(一)天球

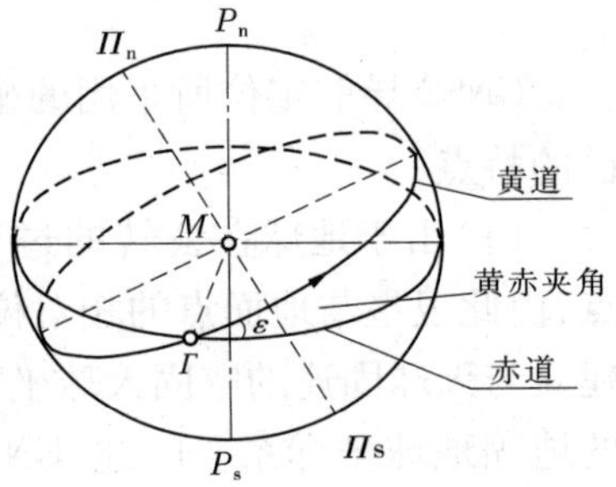

图 5-1　天球

以地球质心 M 为球心,以任意长为半径的假想球体称为天球。天文学中常将天体沿天球半径方向投影到天球面上,再根据天球面上的参考点、线、面来确定天体位置。天球面上的参考点、线、面如图 5-1 所示。

(1)天轴与天极。地球自转轴的延伸直线为天轴,天轴与天球面的交点称为天极,交点 P_n 为北天极,位于北极星附近,P_s 为南天极。

(2)天球赤道面与天球赤道。通过地球质心 M 且垂直于天轴的平面称为天球赤道面,与地球赤道面重合。天球赤道面与天球面的交线称为天球赤道。

(3)天球子午面与天球子午圈。包含天轴的平面称为天球子午面,与地球子午面重合。天球子午面与天球面的交线为一大圆,称为天球子午圈。天球子午圈被天轴截成的两个半圆称为时圈。

(4)黄道。地球绕太阳公转的轨道面称为黄道面。黄道面与赤道面的夹角 ε 称为黄赤夹角,约为 23.5°。黄道面与天球面相交成的大圆叫黄道,也就是太阳在天球面上的运行轨道。

(5)黄极。通过天球中心且垂直于黄道面的直线与天球面的两个交点称为黄极,靠近北天极 P_n 的交点 Π_n 称为北黄极,Π_s 称为南黄极。

(6)春分点。当太阳在黄道上从天球南半球向北半球运行时,黄道与天球赤道的交点称为春分点,也就是春分时刻太阳在天球上的位置,如图 5-1 中的 Γ。

(二)天球坐标系

天球坐标系根据其坐标表现形式分为天球空间直角坐标系和天球球面坐标系。

(1)天球空间直角坐标系坐标原点位于地球质心。z 轴指向北天极 P_n,x 轴指向春分点 Γ,y 轴垂直于 xMz 平面,与 x 轴和 z 轴构成右手坐标系。在天球空间直角坐标系中,任一天体的位置可用三维坐标(x,y,z)表示(见图 5-2)。

(2)天球球面坐标系坐标原点也位于地球质心。天体所在天球子午面与春分点所在天球子午面之间的夹角称为天体的赤经,用 α 表示;天体到原点 M 的连线与天球赤道面之间的夹角称为赤纬,用 δ 表示;天体至原点的距离称为向径,用 r 表示。天体的位置也可用三维坐标(α,δ,r)唯一确定(见图 5-2)。

天球空间直角坐标系和球面坐标系的转换:这两种坐标系是同一点位的不同表达方式。两种表达方式可通过式(5-1)或式(5-2)进行等价转换。

$$\begin{pmatrix} x \\ y \\ z \end{pmatrix} = r \begin{pmatrix} \cos\delta\cos\alpha \\ \cos\delta\sin\alpha \\ \sin\delta \end{pmatrix} \tag{5-1}$$

$$
\left.\begin{aligned}
r &= \sqrt{x^2 + y^2 + z^2} \\
\alpha &= \arctan \frac{y}{x} \\
\delta &= \arctan \frac{z}{\sqrt{x^2 + y^2}}
\end{aligned}\right\} \tag{5-2}
$$

（三）岁差与章动

地球绕自转轴旋转，在无外力矩作用时，其旋转轴指向应该不变。但日月对地球赤道隆起部分的引力作用，使得地球自转受到外力矩作用而发生旋转轴的进动现象，即从北天极上方观察时，北天极绕北黄极在圆形轨道上沿顺时针方向缓慢运动，致使春分点每年西移 50.2″，25 800 年移动一周。这种现象叫岁差。在岁差影响下的北天极称为瞬时平北天极，相应的春分点称为瞬时平春分点。瞬时平北天极绕北黄极旋转的圆称为岁差圆（见图 5-3）。

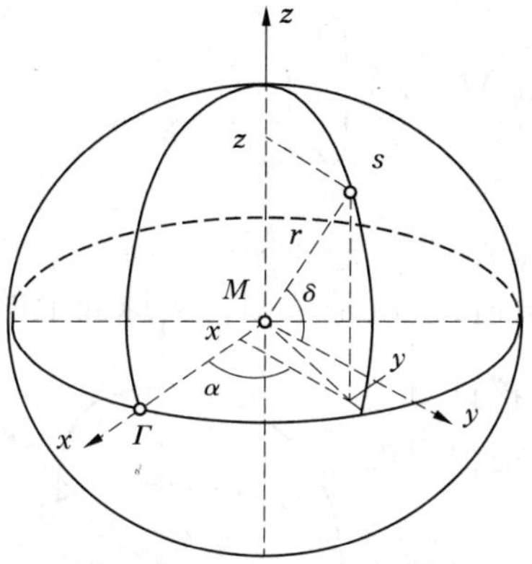

图 5-2　天球空间直角坐标系与天球球面坐标系

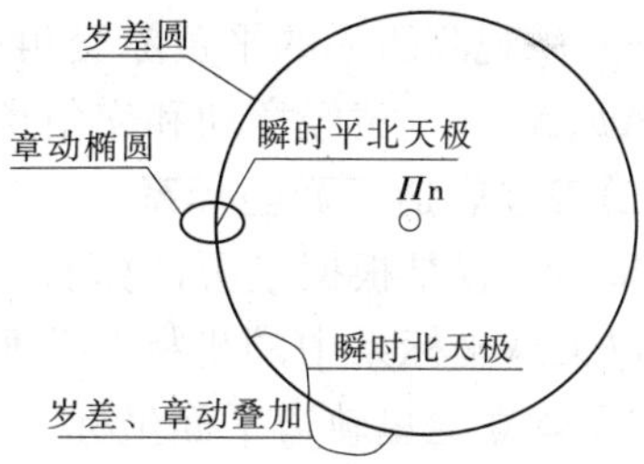

图 5-3　岁差与章动

事实上，月球轨道和月地距离的变化，使实际北天极沿椭圆形轨道绕瞬时平北天极旋转，这种现象叫章动，周期为 18.6 年。在章动影响下，实际的北天极称为瞬时北天极，相应的春分点称为真春分点。瞬时北天极绕瞬时平北天极旋转的椭圆叫章动椭圆，长半径约为 9.2″。

（四）协议天球坐标系

由上可知，北天极和春分点是运动的。在建立天球坐标系时，z 轴和 x 轴的指向也会发生运动，给天体位置的描述带来不便。为此，人们通常选择某一时刻作为标准历元，并将标准历元的瞬时北天极和真春分点作章动改正，得到 z 轴和 x 轴的指向，这样建立的坐标系称为协议天球坐标系。国际大地测量学协会（IAG）和国际天文学联合会（IAU）决定，从 1984 年 1 月 1 日起，以 2000 年 1 月 15 日为标准历元。也就是说，目前使用的协议天球坐标系，其 z 轴和 x 轴分别指向 2000 年 1 月 15 日的瞬时平北天极和瞬时平春分点。为了便于区别，z 轴和 x 轴分别指向某观测历元的瞬时平北天极和瞬时平春分点的天球坐标系称为平天球坐标系，z 轴和 x 轴分别指向某观测历元的瞬时北天极和真春分点的天球坐标系称为瞬时天球坐标系。

为了将协议天球坐标系的坐标转换为瞬时天球坐标系的坐标，须经过如下两个步骤的坐标转换。

1. 协议天球坐标系的坐标转换为瞬时平天球坐标系的坐标

以 $(x,y,z)_{Mt}^{T}$ 和 $(x,y,z)_{CIS}^{T}$ 分别表示天体在瞬时平天球坐标系和协议天球坐标系中的坐标,因两坐标系原点同为地球质心,所以只要将协议天球坐标系的坐标轴旋转三次,便可转换为瞬时平天球坐标系的坐标,转换公式如下:

$$\begin{pmatrix} x \\ y \\ z \end{pmatrix}_{Mt} = R_z(-z)R_y(\theta)R_z(-\zeta)\begin{pmatrix} x \\ y \\ z \end{pmatrix}_{CIS} \tag{5-3}$$

式中:ζ、θ、z 为坐标系绕 z 轴和 x 轴旋转的角度,其值由观测历元与标准历元之间的时间差计算。负号表示旋转向量与该坐标轴方向相反,无负号表示旋转向量与该坐标轴方向相同。$R_z(-z)$、$R_y(\theta)$、$R_z(-\zeta)$ 为坐标变换矩阵。

2. 瞬时平天球坐标系的坐标转换为瞬时天球坐标系的坐标

以 $(x,y,z)_t^{T}$ 表示瞬时天球坐标系的坐标,则转换公式如下:

$$\begin{pmatrix} x \\ y \\ z \end{pmatrix}_{t} = R_x(-\varepsilon-\Delta\varepsilon)R_z(-\Delta\psi)R_x(\varepsilon)\begin{pmatrix} x \\ y \\ z \end{pmatrix}_{Mt} \tag{5-4}$$

式中　ε——观测历元的平黄赤交角;

$\Delta\psi$,$\Delta\varepsilon$——黄经章动和交角章动。

(五)卫星轨道平面坐标系

卫星的位置是根据星历计算的,而由星历不能直接计算卫星在协议天球坐标系中的坐标。为便于根据星历确定卫星的位置,需要建立卫星轨道平面坐标系。

在卫星运行的轨道平面内,以地球质心 M 为原点,以地心与升交点连线为 x_0 轴,y_0 轴与 x_0 轴垂直,这样建立的坐标系称为轨道平面坐标系。如果由卫星星历求得某观测历元卫星 s 的升交距角 $u=V+\omega$ 和向径 r,便可很容易地得到卫星在轨道平面坐标系中的坐标(见图 5-4)。

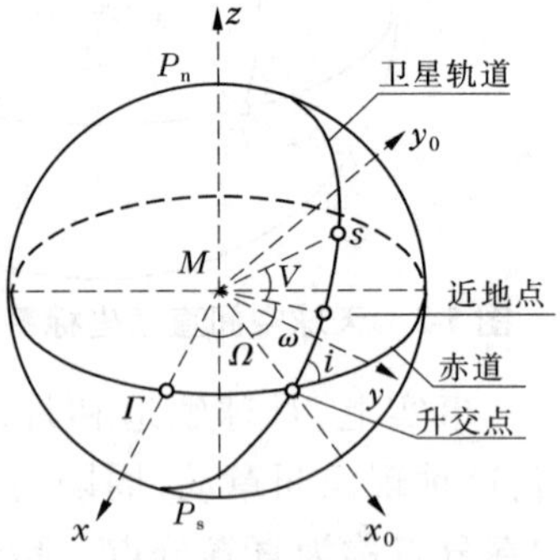

图 5-4　卫星轨道平面坐标系

$$\begin{pmatrix} x_0 \\ y_0 \\ z_0 \end{pmatrix} = r\begin{pmatrix} \cos u \\ \sin u \\ 0 \end{pmatrix} \tag{5-5}$$

要将卫星在轨道平面坐标系中的坐标转换为天球坐标系中的坐标,因两坐标系的原点均在地球质心,所以只要将轨道平面坐标系依次绕 x_0 轴旋转轨道面倾角 i 和绕 $z(z_0)$ 轴旋转升交点赤经 Ω 即可。转换公式为

$$\begin{pmatrix} x \\ y \\ z \end{pmatrix} = R_z(-\Omega)R_x(-i)\begin{pmatrix} x_0 \\ y_0 \\ z_0 \end{pmatrix} \tag{5-6}$$

二、协议地球坐标系

描述卫星位置用天球坐标系比较方便,而描述地面点位用地球坐标系比较方便。地球

坐标系常见有两种:地球空间直角坐标系与大地坐标系。

(1)地球空间直角坐标系坐标原点位于地球质心(地心坐标系)或参考椭球中心(参心坐标系),z 轴指向地球北极,x 轴指向起始子午面与地球赤道的交点,y 轴垂直于 xoz 面并构成右手坐标系(见图 5-5)。

(2)大地坐标系用大地经度 L、大地纬度 B 和大地高 H 表示地面点位。过地面点 P 的子午面与起始子午面间的夹角叫 P 点的大地经度。由起始子午面起算,向东为正,叫东经(0°~180°);向西为负,叫西经(0°~180°)。过 P 点的椭球法线与赤道面的夹角叫 P 点的大地纬度。由赤道面起算,向北为正,叫北纬(0°~90°),向南为负,叫南纬(0°~-90°)。从地面点 P 沿椭球法线到椭球面的距离叫大地高(见图 5-5)。

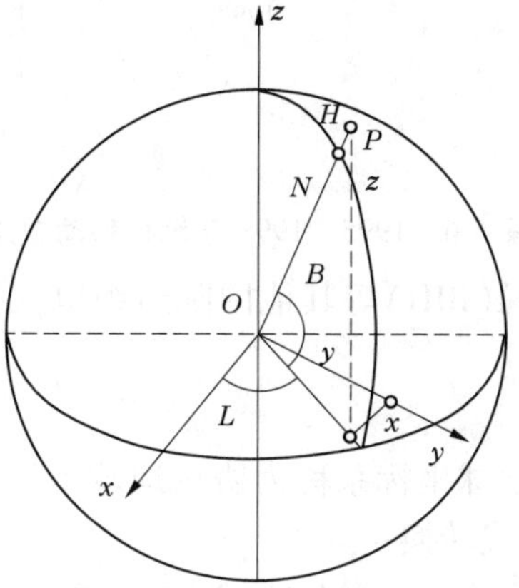

图 5-5 地球空间直角坐标系与大地坐标系

同一地面点地球空间直角坐标系与大地坐标系坐标的转换公式为

$$\left.\begin{aligned} x &= (N+H)\cos B\cos L \\ y &= (N+H)\cos B\sin L \\ z &= [N(1-e^2)+H]\sin B \end{aligned}\right\} \tag{5-7}$$

$$\left.\begin{aligned} L &= \arctan\frac{y}{x} \\ B &= \arctan\frac{z+Ne^2\sin B}{\sqrt{x^2+y^2}} \\ H &= \frac{z}{\sin B}-N(1-e^2) \end{aligned}\right\} \tag{5-8}$$

式中 e——子午椭圆第一偏心率,可由长短半径按 $e^2=(a^2-b^2)/a^2$ 算得;

N——法线长度,可由 $N=a/\sqrt{1-e^2\sin^2 B}$ 算得。

式(5-8)第二式中的 B 可用迭代方法求解。

(一)极移

由于地球不是刚体,在地幔对流以及其他物质迁移的影响下,地球自转轴相对于地球体发生移动,这种现象叫地极移动,简称极移。在建立地球坐标系时,如果使 z 轴指向某一观测时刻的地球北极,这样的地球坐标系称为瞬时地球坐标系。显然,瞬时地球坐标系并未与地球固连,因而地面点在瞬时地球坐标系中的位置也是变化的。

为了简明地描述地极移动规律,国际纬度局根据 1900.0 至 1905.0 期间 5 个国际纬度站的观测结果取平均，定义了协议原点（CIO）。过 CIO 作地球切平面，并以 CIO 为原点建立平面直角坐标系，其中 x_P 轴指向格林尼治方向，y_P 轴指向西经 90°方向。某一观测时刻的地极位置可用瞬时地极坐标 x_P 和 y_P 表示。国际地球自转服务组织（IERS）定期公布瞬时地极坐标和各年度的平均地极坐标（见图 5-6）。

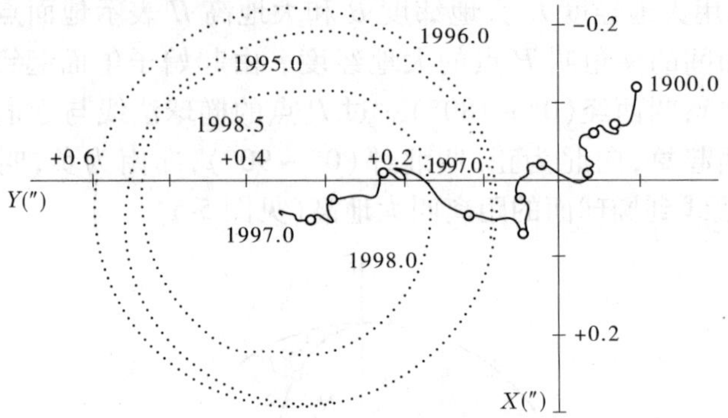

图 5-6　1995～1998 年地极移动轨迹

以 CIO 为参照，国际时间局（BIH）等其他国际组织也根据观测数据定义了不同的协议地极，如 BIH84.0 等。

（二）协议地球坐标系

z 轴指向协议地球北极的地球坐标系称为协议地球坐标系。瞬时地球坐标系与协议地球坐标系之间的坐标可通过下式转换：

$$\begin{pmatrix} x \\ y \\ z \end{pmatrix}_{\text{协议}} = \begin{pmatrix} 1 & 0 & x_P \\ 0 & 1 & -y_P \\ -x_P & y_P & 1 \end{pmatrix} \begin{pmatrix} x \\ y \\ z \end{pmatrix}_{\text{瞬时}} \tag{5-9}$$

在 GNSS 测量中，为确定地面点的位置，需要将导航卫星在协议天球坐标系中的坐标转换为协议地球坐标系中的坐标，转换过程为：协议天球坐标系→瞬时平天球坐标系→瞬时天球坐标系→瞬时地球坐标系→协议地球坐标系。其中除第三步由瞬时天球坐标系转换为瞬时地球坐标系外，其他步骤的转换方法前已述及，此处只介绍第三步转换。

瞬时天球坐标系与瞬时地球坐标系的坐标原点相同，z 轴指向相同，只是两坐标系的 x 轴在赤道上有一夹角，角值为春分点的格林尼治恒星时。因此，只需将瞬时天球坐标系绕 z 轴旋转春分点的格林尼治恒星时时角 $GAST$ 即可。计算公式如下：

$$\begin{pmatrix} x \\ y \\ z \end{pmatrix}_{\text{瞬地}} = \begin{pmatrix} \cos(GAST) & \sin(GAST) & 0 \\ -\sin(GAST) & \cos(GAST) & 0 \\ 0 & 0 & 1 \end{pmatrix} \begin{pmatrix} x \\ y \\ z \end{pmatrix}_{\text{瞬天}} \tag{5-10}$$

三、常用坐标系统

坐标系统包含定义和实现两部分，上述所涉及的坐标系统是对坐标系的理论定义和描述，在实际测量应用中需要将其具体实现，这就是所讲的坐标框架。它是通过一定的测量方法实现的，确切来说是有一系列具有特定意义的点坐标组成的，这些点坐标属于该坐标系统。

（一）常用协议天球坐标系

J2000.0 是在天文学上使用的历元，前缀“J”代表这是一个儒略纪元法，而不是一个贝塞耳纪元。

它指的是儒略日期 TT 时 2451545.0，或是 TT 时 2000 年 1 月 1 日 12 时，即相对于 TAI 的 2000 年 1 月 1 日 11:59:27.816 或 UTC 时间 2000 年 1 月 1 日 11:58:55.816。

因恒星赤经和赤纬会因岁差（与恒星的自行）改变，所以天文学家们经常指定某一特定的纪元作参考点。早期采用的纪元标准是 B1950.0 纪元。

在 J2000 时刻的天赤道与二分点用来定义天球参考坐标系，该参考坐标系也可写作 J2000 坐标或简单记为 J2000。

（二）常用参心地固坐标系

1. 1954 年北京坐标系

1954 年北京坐标系实际上是苏联的大地测量基准，属参心坐标系，参考椭球在苏联境内与大地水准面最为吻合，在我国境内大地水准面与参考椭球面相差最大，为 67 m。1954 年北京坐标系定义见表 5-2。

表 5-2　1954 年北京坐标系定义

坐标系类型	1954 年北京坐标系属参心坐标系
原点	位于苏联的普尔科沃
z 轴	没有明确定义
x 轴	没有明确定义
参考椭球	椭球参数采用 1940 年克拉索夫斯基椭球参数
椭球长半径	$a = 6\ 378\ 245$ m
椭球扁率	由相关参数计算的扁率 $f = 1/298.3$

1954 年北京坐标系存在的问题是：

（1）椭球参数与现代精确参数相差很大，且无物理参数。

（2）该坐标系中的大地点坐标是经过局部分区平差得到的，在区与区的接合部，同一点在不同区的坐标值相差 1 ~ 2 m。

（3）不同区的尺度差异很大。

（4）坐标是从我国东北传递到西北和西南，后一区是以前一区的最弱部作为坐标起算点，因此有明显的坐标积累误差。

2. 1980 西安坐标系

1980 西安坐标系是根据 20 世纪 50 ~ 70 年代观测的国家大地网进行整体平差建立的大地测量基准。椭球定位在我国境内与大地水准面最佳吻合。1980 西安坐标系定义见表 5-3。

表 5-3　1980 西安坐标系定义

坐标系类型	1980 西安坐标系属参心坐标系
原点	位于我国中部——陕西省泾阳县永乐镇
z 轴	平行于地球质心指向我国定义的 1968.0 地极原点(JYD)方向
x 轴	起始子午面平行于格林尼治平均天文子午面
参考椭球	采用 1975 年第 16 届国际大地测量与地球物理联合会的推荐值
椭球长半径	a = 6 378 140 m
椭球扁率	由相关参数计算的扁率 f = 1/298.257

相对于 1954 年北京坐标系而言,1980 西安坐标系的内符合性要好得多。

1954 年北京坐标系和 1980 西安坐标系中大地点的高程起算面是似大地水准面,是二维平面与高程分离的系统。而 WGS84 坐标系中大地点的高程是以 WGS84 椭球作为高程起算面的,所以是完全意义上的三维坐标系。

(三)常用地心地固坐标系

1. WGS84 坐标系

WGS84 坐标系是美国根据卫星大地测量数据建立的大地测量基准,是目前 GPS 所采用的坐标系。GPS 卫星发布的星历就是基于此坐标系的。WGS84 坐标系定义见表 5-4。

表 5-4　WGS84 坐标系定义

坐标系类型	WGS84 坐标系属地心坐标系
原点	地球质量中心
z 轴	指向国际时间局定义的 BIH1984.0 的协议地球北极
x 轴	指向 BIH1984.0 的起始子午线与赤道的交点
参考椭球	采用 1979 年第 17 届国际大地测量与地球物理联合会推荐值
椭球长半径	a = 6 378 137 m
椭球扁率	由相关参数计算的扁率 f = 1/298.257 223 563

为了和 ITRF 框架对准,WGS84 坐标系是在不断修订的,第一次在 1994 年,称为 WGS(G730),第二次在 1996 年,称为 WGS(G873),第三次在 2001 年,称为 WGS84(G1150),第四次在 2012 年,称为 WGS84 (G1674)与 ITRF08 保持一致。以得到的 WGS84(G730)为例,G 表示由 GPS 测量得到,730 表示为 GPS 时间第 730 个周。

2. PZ－90 坐标系

PZ－90 坐标系是俄罗斯进行地面网与空间网联合平差后建立的。几何定义为:原点位于地球质心,Z 轴指向 IERS 推荐的协议地极原点(CTP) 方向,即 1900～1905 年的平均北极,X 轴指向地球赤道与 BIH 定义的零子午线交点,Y 轴满足右手坐标系。

PZ－90 坐标系与国际地球参考框架 ITRF 是一致的,与 WGS84 坐标系的定义也基本一致,但在实现上由于测轨跟踪站坐标误差及测量误差的影响,两者在地球表面的坐标差达

20 m,与 ITRF 的差异在 10 cm 以内,对于不同用途的测量应用,在综合使用两种系统时,可根据需要进行处理。2007 年 9 月 20 日改进精化后的 PZ - 90 投入使用,PZ - 90.02 与 ITRF2000 只存在原点的平移,三个轴的定向与 ITRF 一致。

对于 PZ - 90 与 WGS84(或 ITRF)之间坐标转换参数的求解,可根据地面技术和空间技术进行求解,解算的坐标转换参数精度也不尽相同。

PZ - 90 坐标系定义见表 5-5。

表 5-5　PZ - 90 坐标系定义

坐标系类型	PZ - 90 坐标系属地心坐标系
原点	地球质量中心
z 轴	指向 IERS 推荐的协议地极原点(CTP),即 1900 ~ 1905 年的平均北极
x 轴	地球赤道与 BIH 定义的零子午线交点
椭球长半径	$a = 6\ 378\ 136$ m
椭球扁率	$f = 1/298.257\ 839\ 303$

3. GALILEO 坐标系统

GALILEO 系统所采用的坐标系统为地球参考框架(GTRF)。其几何定义为:原点位于地球质心,Z 轴指向 IERS 推荐的协议地球原点(CTP)方向,X 轴指向地球赤道与 BIH 定义的零子午线交点,Y 轴满足右手坐标系。

4. ITRF 国际地球参考框架

国际地球参考系(ITRS)的实现方式是国际地球参考框架(International Terriestrial Reference Frame,简称 ITRF),即它是通过一组固定于地球表面而且只做线性运动的大地点的坐标及坐标变化速率组成,这些站点装备有不同的空间大地测量系统,并由 IERS 中心局的地球参考框架部负责建立和维护。

国际地球自转服务组织(IERS)每年将其所属全球站的观测数据进行综合处理分析,得到一个 ITRF 框架,并以 IERS 年报和 IERS 技术备忘录的形式发布。自 1988 年起,IERS 已经发布了 ITRF88、ITRF89、ITRF90、ITRF91、ITRF92、ITRF93、ITRF94、ITRF96、ITRF97、ITRF2000、ITRF2005、ITRF2008 等全球坐标参考框架。各框架在原点、定向、尺度及时间演变基准的定义上有微小差别。

定义一个空间直角坐标系必须明确坐标原点的位置、坐标轴的指向和长度单位。框架原点、定向、尺度均隐含在 IERS 所确定的站点的直角坐标与速度场中。框架原点位于地球质量中心,其中心误差小于 10 cm,Z 轴为北天极,尺度为国际单位 m,需通过具有高精度且满足下列条件的站点来实现 ITRF 网的建立:连续观测至少 3 年;远离板块边缘及变形区域;速度精度优于 3 mm/年;至少 3 个不同解的速度残差小于 3 mm/年。

目前,ITRF 参考框架已在世界上得到广泛应用,我国各地建立的网络系统也为用户提供 ITRF 框架的转换服务。

5. CGCS2000 坐标系

北斗系统采用 2000 国家大地坐标系,英文名为 China Geodetic Coordinate System 2000,缩写为 CGCS2000。CGCS2000 坐标系原点为包括海洋和大气的整个地球的质量中心;CGCS

2000 坐标系的 Z 轴由原点指向历元 2000.0 的地球参考极的方向，该历元的指向由国际时间局给定的历元为 1984.0 作为初始指向来推算，定向的时间演化保证相对于地壳不产生残余的全球旋转；X 轴由原点指向格林尼治参考子午线与地球赤道面（历元 2000.0）的交点；Y 轴与 Z 轴、X 轴构成右手正交坐标系。2000 国家大地坐标系的尺度为在引力相对论意义下的局部地球框架下的尺度。

2000 国家大地坐标系采用的地球椭球参数数值为：

长半轴　$a = 6\ 378\ 137$ m

扁率　$f = 1/298.257\ 222\ 101$

地心引力常数　$GM = 3.986\ 004\ 418 \times 10^{14} \mathrm{m^3/s^2}$

自转角速度　$\omega = 7.292\ 115 \times 10^{-5} \mathrm{rad/s}$

上述常用坐标系统参数比较见表 5-6。

表 5-6　常用坐标系统参数比较

地球椭球	坐标系统			
	1954 年北京坐标系	1980 西安坐标系	WGS84 世界大地坐标系	CGCS2000 国家大地坐标系
椭球名称	克拉索夫斯基	1980 大地坐标系	WGS84	CGCS2000
椭球类型	参考椭球	参考椭球	总地球椭球	总地球椭球
建成年代	20 世纪 50 年代	1982 年	1984 年	2008 年
长半轴 a(m)	6 378 245	6 378 140	6 378 137	6 378 137
短半轴 b(m)	6 356 755.288 2	6 356 863.018 8	6 356 752.314 2	6 356 752.314 14
扁率 f	1/298.3	1/298.257	1/298.257 223 563	1/298.257 222 101
第一偏心率平方 e^2	0.006 694 384 999 59	0.006 693 421 622 966	0.006 694 379 990 13	0.006 694 380 022 90
第二偏心率平方 e'^2	0.006 739 501 819 47	0.006 738 525 414 683	0.006 739 496 742 227	0.006 739 496 775 48
地球引力常数 GM ($\mathrm{m^3/s^2}$)	—	$3.986\ 005 \times 10^{14}$	$3.986\ 005 \times 10^{14}$	$3.986\ 004\ 418 \times 10^{14}$
自转角速度 ω (rad/s)	—	$7.292\ 115 \times 10^{-5}$	$7.292\ 115 \times 10^{-5}$	$7.292\ 115 \times 10^{-5}$

知识点二　时间系统

在现代大地测量和空间信息科学中，时间与空间位置一样，成为研究点位运动过程中的一个重要独立变量，时间是描述天体和人造卫星运行位置及其相互关系的重要基准，也是人们利用卫星进行定位定轨的基本分量之一。

时间作为时空基准中的一个量测量，包含“时刻”和“间隔”两个概念。所谓时刻，指某一事物现象发生的瞬间，在卫星定位定轨中称为历元；而间隔，是指该事物现象的延续时间，即从出现到结束的时间段。对时间的分析研究包括两个方面的内容：一是对时间的定义，包括时间原点、时间尺度及时间的均匀性；二是不同时间系统间的转换关系。综上所述，一个理想的时间系统应具有以下几个性质：可察性、连续性、周期性、稳定性、复现性、可行性。

在卫星定位定轨中，主要涉及以下时间系统：世界时、原子时、质心动力学时、GPS 时和协调世界时等。

一、世界时系统

地球在空间的自转运动是连续的，而且比较均匀，所以人类最先建立的时间系统便是以地球自转运动为基础建立的时间系统，称为世界时。在观察地球自转运动时，可根据所选空间参考点的不同，把世界时系统分为恒星时、平太阳时和世界时。

（一）恒星时（Sidereal Time，ST）

以春分点为参考点，由春分点的周日视运动所确定的时间称为恒星时。春分点连续两次经过本地子午圈的时间间隔，即为一个恒星日，一个恒星日为 24 个恒星时，原点取为春分点在当地子午圈的时刻。同一瞬间不同的测站的恒星时各异，所以恒星时具有地方性，有时也称为地方恒星时。

$$\text{恒星日} = 23\ \text{h}56\ \text{min}04.091\ \text{s} \pm 0.005\ \text{s} \tag{5-11}$$

恒星时由天文和大地测量观测精度确定，不能由其他时间尺度计算得到。

由于岁差、章动的影响，地球自转轴在空间的指向是变化的，相应春分点也是变化的，由此可分为真春分点和平春分点，相应恒星时有真恒星时和平恒星时之分。

假设 LAST 表示真春分点地方时角，GAST 表示真春分点的格林尼治时角，LMST 表示平春分点地方时角，GMST 表示平春分点的格林尼治时角，则有关系式

$$\text{LAST} - \text{LMST} = \text{GAST} - \text{GMST} = \Delta\varphi\cos\varepsilon \tag{5-12}$$

$$\text{GMST} - \text{LMST} = \text{GAST} - \text{LAST} = \lambda \tag{5-13}$$

式中　λ——天文经度；

$\Delta\varphi$——黄经章动；

ε——黄赤交角。

（二）平太阳时（Mean Solar Time，MT）

由于太阳的视运动速度是不均匀的，因此假设一个参考点的视运动速度等于真太阳周年运动的平均速度，且其在天球赤道上做周年视运动。这个假设的参考点，在天文学中称为平太阳。平太阳连续两次经过本地子午圈的时间间隔为一个平太阳日，而一个平太阳日包含有 24 个平太阳小时。与恒星时一样，平太阳时也具有地方性，故常称为地方平太阳时或地方平时。

$$1\ \text{平恒星日} = 1\ \text{平太阳日} - 3\ \text{min}55.909\ \text{s} \tag{5-14}$$

（三）世界时（Universal Time，UT）

以平子夜为零时起算的格林尼治平太阳时称为世界时。如果以 GAMT 代表平太阳相对于格林尼治子午圈的时角，则有 UT = GAMT + 12(h)。

世界时与平太阳时的尺度基准相同，但是原点不同。

世界时系统的定义以春分点或恒星（平恒星）为参考点、以地球自转为基础。虽然引入平太阳，定义了平太阳时和世界时，但是由于极移的存在，地球自转速率不均匀，故平太阳时

或世界时仍是非均匀的时间系统。自 1956 年起,对世界时引入极移改正($\Delta\lambda$)和地球自转速率的季节性改正(ΔTS),得到相应的世界时 UT1 和 UT2。

$$\begin{aligned} UT1 &= UT0 + \Delta\lambda \\ UT2 &= UT1 + \Delta TS \end{aligned} \tag{5-15}$$

式中 UT0——未加改正的世界时;

$\Delta\lambda$——极移改正;

ΔTS——地球自转速率的季节性改正。

二、原子时(Atomic Time,AT)

随着空间大地测量学的应用,对时间的准确度和稳定度要求越来越高,即时间系统的原点的唯一性和尺度的均匀性。基于稳定的原子跃迁所建立的原子时是当前最理想的时间系统。

原子时的尺度:秒长,定义为"位于海平面上的铯 133 原子基态两个超精细能级,在零磁场中跃迁辐射振荡 9 192 631 770 周所持续的时间"。

原子时原点有两个:

(1)美国海军天文台建立的原子时 A1,其原点为 1958 年 1 月 1 日 0 时 UT2。

(2)国际时间局(BIH)确定的原子时系统 IAT,其原点为 A1 原点减去 34 ms:

$$IAT = UT2_{1958.1.1.0} - 0.034 \tag{5-16}$$

三、协调世界时

由世界时(Universal Time,UT)和原子时的定义可知,它们的时间尺度分别基于地球自转速率和原子跃迁,而天文导航、卫星定轨中既需要以地球自转为基础,又需要原子时秒长的高精度。为此,从 1972 年开始采用一种以原子秒长为基础,在时刻上尽量接近世界时折中的时间系统,即世界协调时。

具体的定义方法是,在时间尺度上与国际原子时完全相同,采用闰秒(或跳秒)的办法,即当协调时与世界时时差超过 ±0.9 s 时,便在协调时中引入一闰秒(正或负),使协调时与世界时的时刻最为接近。

世界协调时与国际原子时的关系为

$$UTC = IAT + 1\ \mathrm{s} \times n \tag{5-17}$$

其中,n 为调整参数,由 IERS 发布。

四、力学时(Dynamical Time,DT)

根据天体动力学理论建立的运动方程计算的天体星历中所采用的独立的变量——时间 T,这个数学变量被定义为力学时(DT)。力学时是均匀的。

根据对应的参考点不同,力学时可分为两种:

(1)太阳质心力学时(Barycentric Dynamical Time,TDB):是相对于太阳质心运动的运动方程所采用的时间参数。

(2)地球质心力学时(Terrestrial Dynamical Time,TDT):是相对于地球质心运动的运动方程所采用的时间参数。

TDT 作为一个基于地心运动方程的严格均匀的时间尺度和独立变量被用于卫星轨道计算中。

五、GNSS 时间系统

每个 GNSS 系统在建立时，都有自己的时间系统，全球四大导航卫星系统的时间系统描述如下。

（一）GPS 时间（GPS Time，GPST）

GPS 时间是 GPS 测量系统的专用时间系统，由 GPS 主控站的原子钟控制。其时间尺度与原子钟相同，但原点不同，比国际原子时（IAT）早 19 s，即

$$GPST = IAT - 19\ s \tag{5-18}$$

此外，为了保证 GPS 时间的有效性，采取了与协调时一样的闰秒办法，规定 1980 年 1 月 6 日 0 时与世界协调时时刻相一致。此后，随着时间积累，两者差别表现为秒的整数倍。

IAT 与 UTC 的关系式为

$$IAT = UTC + 1\ s \times n \tag{5-19}$$

式中　n——IAT 与 UTC 间不断调整的参数。

从式（5-18）、式（5-19）可知，GPST 与 UTC（USNO）的关系式为

$$GPST = UTC(USNO) + 1\ s \times n - 19\ s \tag{5-20}$$

（二）GLONASS 时间（GLONASS Time，GLONASST）

GLONASS 时间系统属于 UTC 时间系统，采用原子时 ATI 秒长作为时间基准，是基于俄罗斯莫斯科的协调世界时 UTC（SU）。GLONASST 的产生是基于 GLONASS 同步中心 CS（Central Synchronize）时间。GLONASS 控制部分的特性使 GLONASST 与俄罗斯维持的协调世界时 UTC（SU）存在 3 h 的整数差，此外还存在有 1 ms 以内的系统差 τ_r，GLONASST 与 UTC（SU）的关系式为

$$GLONASST = UTC(SU) + 3\ h - \tau_r \tag{5-21}$$

（三）GALILEO 时间（GALILEO Time，GST）

GALILEO 系统时间简称 GST，它和 GPS 时间类似，与 IAT 的估计偏差将在伽俐略导航信息中广播。GALILEO 系统采用主钟控制的方法产生基准时间。主控站装备两台主动型氢钟和 4 台高性能的铯原子钟形成时间系统（PTF）。这样的小型系统主要利用了氢钟的稳定性能和铯钟的准确度性能。两台氢钟实时比对测量，一台作为主钟，一台作为备份，以便实现无缝切换。四台铯钟实时循环比对测量，形成 GST 自由时间，经与欧洲各个时间实验室的 UTC（k）比对测量后，修正氢钟时间，形成真正的 GST。各个监测站的时间通过通信网络，以 GST 为参考实现同步。

GALILEO 时间系统是一个连续的时标，与国际原子时（IAT）保持偏差小于 28 ns，所以有

$$GST = IAT \pm 28\ ns \tag{5-22}$$

GST 时和 IAT 的偏差，GST 和 UTC 时间的偏差应当通过各种服务的空间信号广播给用户。

（四）BDS 时间（BD Time，BDT）

BDS 时间基准采用北斗时（BDT），BDT 以国际单位制（SI ）秒为基本单位，与 GPST 一

样同属于原子时(ATI),无闰秒,以周和周内秒为单位连续计数,通过 BDS 导航电文播发,但 BDT 的起算历元为 2006 年 1 月 1 日 00 时 00 分 00 秒(星期日)的协调世界时 UTC,BDT 通过中国维持的协调世界时 UTC(NTSC)与国际 UTC 建立联系。由于闰秒的影响,从 1980 年 1 月 6 日 0 时到 2006 年 1 月 1 日 0 时间共有正闰秒 14 s,所以 BDT 与 GPST 间相差 14 s 的整数差。BDT 与 UTC(NTSC)间的关系式为

$$\mathrm{BDT} = \mathrm{UTC(NTSC)} + 1\ \mathrm{s} \times n - 19\ \mathrm{s} - 14\ \mathrm{s} \tag{5-23}$$

第二篇　应用案例

案例一　GNSS 三维大地控制网的布设

一、题目

××县 D 级 GNSS 三维大地控制网布设。

二、概述

××县位于××省中南部，东经 113°，北纬 33°，全县辖 8 镇 6 乡，总面积 777 km^2，耕地面积 75 万亩❶，总人口 100 万，北接宁洛高速公路 6 km、公路通车里程达 1 018 km。属温热带季风型大陆性气候，四季分明，光照充足，雨量充沛，气候温和，年平均气温为 14.6 ℃，最冷的 1 月平均 0.7 ℃，最热的 7 月平均 27.4 ℃。平均降水量 836.6 mm，无霜期 220 d 左右。盛产小麦、玉米、大豆、烟叶等农作物，畜牧养殖业发展迅速。地下资源丰富，盐岩总储量亿吨，是全国品位第一、储量第二的大型矿藏，具有较高的食用价值和工业价值，开发前景十分广阔。

近些年来该县城镇发展步伐较快，矿区资源开发与利用进展迅速，并且市政建设、道路建设、土地整理、新农村建设、土地确权工作等的开展使得该县原有的测绘资料成果（属 1954 年北京坐标系）已远远不能满足发展的需要，并且该县已有测绘资料测绘技术较老，精度低，标石损坏严重，点位的分布、数量、精度等不能满足城镇扩展和矿区开发的需求。同时，随着我国 2000 国家大地坐标系的推广应用，迫切需要建立该县 D 级 GNSS 国家 2000 三维大地控制网，进行 D 级 GNSS 三维大地控制网技术设计及选点埋石。

三、目标

（1）D 级 GNSS 三维大地控制网技术设计。

（2）编写 D 级 GNSS 三维大地控制网技术设计书。

（3）实地选点、造标埋石。

四、依据

（1）测量任务书或合同。

❶　1 亩 = 1/15 hm^2。

(2)《全球定位系统(GPS)测量规范》(GB/T 18314—2009)。

(3)《卫星定位城市测量技术规范》(CJJ/T 73—2010)。

(4)《国家三、四等水准测量规范》(GB/T 12898—2009)。

(5)《测绘技术设计规定》(CH/T 1004—2005)。

(6)《测绘成果质量检查与验收》(GB/T 24356—2009)。

(7)《测绘技术总结规定》(CH/T 1001—2005)。

(8)《全球定位系统(GPS)测量型接收机检定规程》(CH 8016—1995)。

(9)本项目技术设计书和有关的补充文件。

五、条件

(一)已有资料

(1)××省 C 级 GNSS 控制点 6 个,位于测区附近,坐标系统为 CGCS2000。该 C 级 GNSS 点均进行了三等水准联测,可作为 GNSS 高程联测的起算数据,高程系统为 1985 国家高程基准。除此之外,还有 3 个三等水准点,经检查验收,满足使用要求。

(2)××省测绘局近期测制的该县 1∶5万地形图,可作为设计、选点埋石、观测之用。

(二)人员安排

(1)作业单位具有测绘高级工程师、测绘工程师,测绘技术员和高、中级职业资格人员若干人,具有丰富的控制网布测经验。

(2)项目负责人 2 人;3 个作业队,配技术员 6 人;后勤保障 2 人。

(三)仪器设备

(1)计算机:2 台。

(2)车辆:3 辆。

六、要求

(一)测区基准

(1)坐标系统:采用 CGCS2000 三维地心坐标系统,参考框架为 ITRF97,参考历元为 2000.0。

(2)高程系统:采用 1985 国家高程基准。

(二)图上设计

依据 GB/T 18314—2009 等规范规定,结合本案例实际地形进行控制网图上设计,使相关指标(如平均边长、最简异步观测环或附合路线边数、相邻点间最大距离、联测点数、高程联测精度等)尽可能科学合理。

(三)精度及要求

D 级 GNSS 网相邻点间基线长度精度、相对精度、相邻点 GNSS 测量大地高差的精度等符合《全球定位系统(GPS)测量规范》(GB/T 18314—2009)等规范的相关要求。

(四)技术设计书

技术设计书的格式内容要求与审批程序按 CH/T 1004—2005 执行。

(五)产品质量控制与验收

(1)测量任务书或测量合同书、技术设计书,点之记、测站环视图、测量标志委托保管书、选点资料和埋石资料等应符合 GB/T 18314—2009 等的相关要求。

(2)质量控制执行“两级检查,一级验收”制度。产品质量控制与验收的项目与要求应满足 GB/T 24356—2009 等的相关规定。

七、剖析

××县 D 级 GNSS 三维大地控制网技术设计是 GNSS 控制网建立的关键步骤,技术设计的内容及方案应在整体设计的原则下,按规范要求的布网原则、精度要求、实际应用等进行 GNSS 控制网技术设计及外业选点埋石。

项目一　GNSS 静态控制网技术设计

测绘技术设计是将顾客或社会对测绘成果的要求(明示的、通常隐含的或必须履行的需求或期望)转换为测绘成果(或产品)、测绘生产过程或测绘生产体系规定的特性或规范的一组过程。目的是制订切实可行的技术方案,保证测绘成果(或产品)符合技术标准和满足顾客要求,并获得最佳的社会效益和经济效益。测绘技术设计分为项目设计和专业技术设计。项目设计是对测绘项目进行的综合性整体设计,专业技术设计是对测绘专业活动的技术要求进行设计。它是在项目设计的基础上,按照测绘活动内容进行的具体设计,是指导测绘生产的主要技术依据。对于工作量较小的项目,可根据需要进行合并。

GNSS 控制网技术设计是建立 GNSS 控制网的首要工作,以下讲的技术设计主要指专业技术设计。它是根据国家现行的 GNSS 测量规范、规程,针对 GNSS 控制网的用途及用户要求,对 GNSS 测量的精度、密度、基准、布设形式、网形及作业纲要(如观测时段、时段长、采样间隔、截止高度角、接收机类型与数量、数据处理方案)等所作出的具体规定和要求。GNSS 控制网技术设计涉及精度与密度设计、基准设计、布网形式与网形设计、观测纲要设计、数据处理方案等方面的内容。它提供了建立 GNSS 控制网的技术准则,是测绘生产的主要技术依据,也是影响测绘成果能否满足任务要求和技术标准的关键因素。

GNSS 控制网技术设计需根据相关的标准、规范和要求等进行精度与密度设计、基准设计、布网形式与网形设计、观测纲要设计、数据处理方案制订等方面的工作。

本项目分以下几个任务:任务一　GNSS 测量精度与密度设计;任务二　GNSS 网的基准设计;任务三　布网形式与图形设计;任务四　观测纲要设计。

任务一　GNSS 测量精度与密度设计

【任务分析】

GNSS 测量的相关规范及规程对 GNSS 测量控制网进行了等级划分,不同等级对应不同的精度指标、密度指标和用途。因此,只要确定了 GNSS 测量的等级,那么 GNSS 测量的精度与密度设计也就确定了。GNSS 控制网等级的选择取决于多种因素(如测绘对象特点、任务要求、网的用途、测区范围、测量单位现有人员设备情况等),但主要受服务对象的实际质量要求影响。另外,需注意的是,GNSS 测量规范为一般情况的相关规定,而由于测绘对象的复杂性和质量要求的多样性,在实际测量工作中,控制网等级划分并不适用于所有场合,因此不可死板套用 GNSS 测量规范中的等级划分，可根据测量项目要求进行单独技术设计。

据上分析，GNSS 测量的精度与密度设计对应 GNSS 测量规范中控制网等级的选择，等级的选择主要受服务对象的实际质量要求影响。对于特殊情况下（规范中等级不适用）的精度与密度设计，需单独进行。

因此，GNSS 测量的精度与密度设计实施涉及以下几方面的知识：

（1）GNSS 测量的等级及精度指标。

（2）密度指标及设计。

【知识学习】

一、GNSS 测量的级别划分和测量精度

精度是用来定量衡量待估参数值受偶然误差的影响程度，它反映了待估参数与真值或被认为真值之间的近似程度。网的精度设计就是根据偶然误差的传播定律，按照一定的精度设计方法，分析网中各未知点平差后预期能达到的精度。一般可用误差椭圆来描述坐标点的精度状况，也可用点之间的方位、距离和角度的中误差来表示。

现行 GNSS 测量规范主要有《全球定位系统（GPS）测量规范》（GB/T 18314—2009）、《卫星定位城市测量技术规范》（CJJ/T 73—2010）等。

《全球定位系统（GPS）测量规范》（GB/T 18314—2009）中，按照精度和用途将 GNSS 测量等级划分为五级，分别为 A、B、C、D、E 级。

A 级 GNSS 网由卫星定位连续运行基准站构成，精度不低于表 1-1 的要求。

表 1-1　A 级网精度指标

级别	坐标年变化率中误差		相对精度	地心坐标各分量年平均中误差（mm）
	水平分量（mm/a）	垂直分量（mm/a）		
A	2	3	1×10^{-8}	0.5

B、C、D、E 级 GNSS 网的精度不低于表 1-2 的要求。用于建立国家二等大地控制网和三、四等大地控制网的测量，在满足表 1-2 要求的基础上，其相邻点距离的相对精度分别不低于 1×10^{-7}、1×10^{-6} 和 1×10^{-5}。

表 1-2　B、C、D、E 级网精度指标

级别	相邻点基线分量中误差		相邻点间平均距离（km）
	水平分量（mm）	垂直分量（mm）	
B	5	10	50
C	10	20	20
D	20	40	5
E	20	40	3

《卫星定位城市测量技术规范》(CJJ/T 73—2010)中,GNSS 网按相邻站点的平均距离和精度划分为二、三、四等及一、二级网,GNSS 网可以逐级布网、越级布网或布设同级全面网。适用于城市各等级控制网测量、工程控制网测量、形变监测控制网测量以及城市各种工程测量、地形测量和地籍测量等。

GNSS 控制网的主要技术要求应符合表 1-3 的规定。

表 1-3　GNSS 控制网主要技术要求

等级	平均距离(km)	固定误差 a(mm)	比例误差 b($\times 10^{-6}$)	最弱边相对中误差
CORS	40	≤2	≤1	1/800 000
二等	9	≤5	≤2	1/120 000
三等	5	≤5	≤2	1/80 000
四等	2	≤10	≤5	1/45 000
一级	1	≤10	≤5	1/20 000
二级	<1	≤10	≤5	1/10 000

注:当边长小于 200 m 时,边长中误差应不超过 ±2 cm。

CJJ/T 73—2010 中,GNSS 控制网相邻点间弦长精度应按下式计算:

$$\sigma = \sqrt{a^2 + (bd)^2} \tag{1-1}$$

式中　σ——标准差(基线向量的弦长中误差),mm;

a——固定误差,mm;

b——比例误差系数,$\times 10^{-6}$;

d——相邻点间的距离,km。

二、密度指标及设计

不同的测绘对象和任务要求,对 GNSS 控制网点的密度要求不同。一般情况下,测量单位可根据项目的特点和要求等情况,确定相应的等级,按照规范的密度设计即可。当处于两个等级之间时,在考虑成本、工作量等情况下,可靠到上一等级。对于不符合上述情况的密度设计,需进行专门的设计。

GB/T 18314—2009 规定各级 GNSS 网中相邻点的距离最大不宜超过该等级网平均距离(见表 1-2)的 2 倍。

根据 CJJ/T 73—2010,二、三、四等网相邻点最小距离不应小于平均距离(见表 1-3)的1/2;最大距离不应超过平均距离的 2 倍。一、二级网的距离可在上述基础上放宽 1 倍。

【参考方案】

控制网等级的选用主要取决于控制网所需精度、现有技术条件达到的精度及网的用途。因此,本任务 GNSS 三维大地控制网的等级选用 D 级,控制网的精度与密度设计可按 GB/T 18314—2009 执行。根据 D 级网布设原则,相邻点间平均距离 5 km 左右;在城镇区及周边,相邻点间可以适当缩短距离,新布设点数为 34 个。

GNSS 控制网等级选用依据如下:

(1)该县面积约 777 km^2,控制网用途是为了适应该县城镇发展、矿区资源开发利用、市政建设等测量工作。

(2)原有控制网缺点明显:原有成果为 1954 年北京坐标系;测绘技术落后,测绘年代较早,精度低,标石损坏严重;点位分布、数量等不能满足城市发展的需求,迫切需建立 GNSS 控制网,进行技术设计。

(3)CGCS2000 地心三维坐标系建立的需求:原有坐标系点位的平面坐标与高程位置的测定是分离的,不是统一的三维坐标系,为了适应国家 2000 坐标系的建立,需建立 GNSS 三维大地控制网,进行技术设计。

(4)精度要求:原有 1954 年北京坐标系成果施测年代久远,点位破坏严重,且受地面点位长时间的移动影响,偏离原有位置较大,点位精度已不能满足使用要求。基于城市发展需求,点位水平分量精度不大于 2 cm,垂直分量精度不大于 4 cm 的要求,适宜采用 D 级标准。

任务二　GNSS 网的基准设计

【任务分析】

GNSS 控制网的基准设计是实施 GNSS 测量的基础性工作,它是在网的精确性、可靠性和经济性方面,寻求控制网基准设计的最佳方案。

GNSS 静态测量获取的是地面点间的 GNSS 基线向量,例如 GPS 静态测量成果属于 WGS84 坐标系。而在实际工程应用中,我们需要的是国家坐标系(1954 年北京坐标系、1980 西安坐标系、CGCS2000 坐标系等)或地方独立坐标系的坐标。因此,GNSS 控制网在进行技术设计时,须明确 GNSS 测量成果所采用的坐标参照系(基准)和起算数据。这项工作称为 GNSS 网的基准设计。

GNSS 网的基准设计包括位置基准、方位基准和尺度基准。方位基准和尺度基准可以通过点的位置来实现,因此 GNSS 网的基准设计主要指位置基准的设计。

GNSS 测量基准设计除需明确 GNSS 测量成果所采用的坐标系统和起算数据外,还需将 GNSS 测量的成果(如 WGS84 坐标系成果)转换为实际工作中采用的基准成果(如 CGCS2000 成果),这时需进行 GNSS 网与地面网的联测设计。

据以上分析,GNSS 网基准设计涉及以下几方面的知识:

(1)位置基准设计。

(2)尺度基准设计。

(3)方位基准设计。

(4)GNSS 网与地面网的联测设计。

【知识学习】

一、位置基准设计

GNSS 网的位置基准一般由 GNSS 网中起算点的坐标确定。在 GNSS 基线解算中起算点误差是引起基线误差的一个重要因素。

确定 GNSS 网的位置基准可采用下列方法:

(1)选取网中一个点的坐标,进行固定或给予适当的权。

(2)网中各点坐标均不固定,通过自由网平差确定网的位置基准。

(3)网中选取若干个点固定或给予适当的权。

前两种方法没有多余条件,网的定向和尺度没影响,称为独立网。第三种起始坐标有多余条件,对网的定向和尺度有影响,称为附合网。

基线向量解算中作为位置基准的固定点误差是引起基线误差的一个重要因素,使用单点定位坐标值作为起算坐标时,其误差可达数十米以上。因此,在基线解算中必须对网的位置基准进行设计。GPS 测量时,基线解算所需的起算点坐标应按以下优先顺序采用:

(1)国家 GPS A、B 级网控制点或其他高等级 GPS 网控制点的已有 WGS84 坐标。

(2)国家或城市较高等级控制点转换到 WGS84 坐标系后的坐标值。

(3)若网中无任何其他已知起算数据,可将网中观测条件较好、观测时间较长(不少于 30 min)的单点定位结果的平差值提供的 WGS84 坐标作为起算点。

二、尺度基准设计

尺度基准一般由 GNSS 网中两起算点间的坐标反算距离确定,也可以利用地面的电磁波测距边确定,或者直接根据 GNSS 基线向量的距离确定。虽然 GNSS 观测的基线向量本身已含有尺度信息,但是 GNSS 网的尺度含有系统误差,为有效地降低或消除这种尺度误差,还需要提供外部尺度基准。有以下几种方案:

(1)采用外部尺度基准。对于边长小于 50 km 的 GNSS 网,可用较高精度的测距仪(10^{-6}或更高)测量 2~3 条基线边,作为整网的尺度基准。对于大型长基线网,可采用 SLR(人卫激光测距)站的相对定位观测值和 VLBI(甚长基线干涉测量)基线作为 GNSS 网的尺度基准。

(2)采用内部尺度基准。在没有外部尺度基准的情况下,仍可采用 GNSS 观测值作为 GNSS 网的尺度基准。在网中选择一条长基线,并对该基线进行长时间、多次观测,最后取多次观测时段所得到的基线平均值,以其边长作为网的尺度基准。

三、方位基准设计

方位基准一般由给定的起算方位角值确定,也可以将 GNSS 基线向量的方位作为方位基准,或利用旧网中若干控制点计算的方位来确定。

四、GNSS 网与地面网的联测设计

GNSS 测量成果转换为实际工作中的国家或地方成果时,需引入一定数量的起算数据:坐标、高程、边长、方位等进行联测。起算数据选用要求如下。

(一)起算点的选用

起算点一般包含平面坐标点、高程点、三维坐标点等。为了使 GNSS 测量成果与实际工作所需测量成果吻合得最好,原则上起算点的数量越多越好。为了使网的成果点位精度能均匀分布,一般要求点位应尽可能均匀分布在网中及其周围。

起算点在选用时,需充分了解起算点相关情况,如点的类型、所属时空参考系统、表示形式、施测年代、精度、数量、分布、保持情况等。并在上述基础上,进行实地勘测检查。

根据 GB/T 18314—2009,联测时需注意以下几点:

(1)新布设的 GNSS 网应与附近已有的国家高等级 GNSS 点进行联测,联测点数不应少于 3 点。

(2)为求定 GNSS 点在某一参考坐标系中坐标,应与该参考坐标系中的原有控制点联测,联测点数不应少于 3 个,在采用常规测量方法加密控制网的地区,D、E 级网点应有 1 ~2 个方向通视。

(3)A、B 级网应逐点联测高程,C 级网应根据区域似大地水准面精化要求联测高程,D、E 级网可依具体情况联测高程。

(4)A、B 级网点的高程联测精度应不低于二等水准测量精度,C 级网点的高程联测精度应不低于三等水准测量精度,D、E 级网点按四等水准测量或与其精度相当的方法进行高程联测。

(5)在局部补充、加密低等级的 GNSS 网点时,采用高等级 GNSS 网点点数应不少于 4 个。

(二)起算边长的选用

若需将所建立的 GNSS 网成果投影到某一指定高程面上,可采用高精度激光测距边作为起算边长,数量一般为 3 ~5 条,可设置在网中的任意位置,但激光测距边的两端高差不应过于悬殊。

(三)起算方位的选用

在采用 GNSS 技术建立独立坐标系下的控制网时,可以引入起算方位,但不宜太多。起算方位可以设置在 GPS 网中的任意位置。

【参考方案】

GNSS 网的基准设计主要指位置基准设计,它明确了在控制网平差数据处理过程中采用何种坐标、高程系统。而 GNSS 网与地面网的联测涉及将 GNSS 测量的成果(如 WGS84 坐标成果)转换为实际工作中采用的成果(如 CGCS2000 成果),它明确了 GNSS 测量成果与实际工作采用的测量成果间的关系。

本任务将案例提供的分布在测区内及周边的 6 个 C 级 CGCS2000 坐标点(同时联测了三等水准)和除此之外的三个具有同等精度的水准点作为 GNSS 控制网的位置基准和高程基准。

位置基准:选取均匀分布在测区内的 4 个 C 级 CGCS2000 三维坐标为起始数据,作为整个三维大地控制网的基准,剩余 2 个作为外部检核点也纳入到整个控制网网点体系中。

高程基准:采用上述 6 个三等水准点(C 级 CGCS2000 坐标点,同时联测了三等水准测量),外加 1 个三等水准点,共 7 个三等水准点,重合全网 1/5 的 GNSS 点进行几何水准测量。通过对这些分布均匀的水准点进行数值拟合,求得整个 GNSS 网点的正常高,并利用剩下的 2 个水准点作为外部检核。

任务三　布网形式与图形设计

【任务分析】

基准设计完成后,需在基准设计的基础上解决 GNSS 控制网采用何种形式布设,布设时需遵循哪些原则,图形结构是如何组成等问题。

上述问题的解决涉及 GNSS 控制网的布设形式、布设原则与图形设计等方面的知识。

【知识学习】

一、GNSS 网布设形式

GNSS 网的布网形式指建立 GNSS 网时的观测作业方式,包括网的点数与参与观测的接收机数的比例关系、观测时段长短、观测时段数及观测作业期间接收机所处的地位等特征。

常用的布网形式有跟踪站式、会战式、多基准站式、同步图形扩展式和单基准站式。

(一)跟踪站式

1. 布网形式

若干台接收机长期固定安放在测站上,进行常年、不间断的观测,即一年观测 365 d,一天观测 24 h,这种观测方式如同跟踪一样,因此这种布网形式被称为跟踪站式。

2. 特点

采用跟踪站式布设网时,接收机在各个测站上进行不间断的连续观测,观测时间长,数据量大,而且在数据处理时一般采用精密星历。因此,这种形式布设的网具有很高的精度和框架基准特性。每个跟踪站为保证连续观测,一般需建立专门的永久性建筑,即跟踪站,用以安置仪器设备,这使得这种布网形式的观测成本很高。

3. 适用范围

跟踪站式一般用于建立 A 级网。对于普通用途的 GNSS 网,由于观测时间长,成本高,故一般不被采用。

(二)会战式

1. 布网形式

布设 GNSS 网时,一次组织多台 GNSS 接收机,集中在一段不太长的时间内,共同作业。在作业时,所有接收机在若干天的时间里分别在同一批点上进行多天、长时段的同步观测,在完成一批点的测量后,所有接收机又都迁移到另外一批点上进行相同方式的观测,直至所有的点观测完毕,这就是所谓的会战式布网,有时称为分区观测。

2. 特点

采用会战式布网形式所布设的 GNSS 网,因各基线均进行过较长时间、多时段的观测,所以可以较好地削弱轨道误差、大气折射和多路径效应等因素的影响,因而具有很高的精度和可靠性,但需接收机数量较多,观测成本较高。

3. 适用范围

会战式一般用于建立 B 级网。

(三)多基准站式

1. 布网形式

多基准站式的布网形式就是有若干台接收机在一段时间里长期固定在某几个点上进行长时间的观测,这些测站称为基准站。在基准站进行观测的同时,另外一些接收机则在这些基准站周围相互之间进行网观测模式(见图 1-1)或点观测模式。

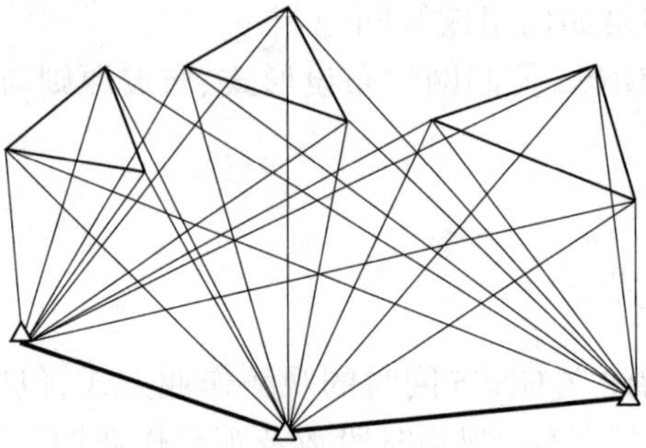

图 1-1　多基准站式(网观测模式)

2. 特点

采用多基准站所布设的网,由于各个基准站之间进行了长时间的观测,因此可以获得较高精度的定位结果,这些高精度的基线向量可以作为整个 GNSS 网的骨架。另外,若流动站进行同步观测,除流动站间有基线向量相连外,它们与各个基准站之间也存在同步观测,因此,可以获得更强的图形结构。

3. 适用范围

多基准站式适用于建立 B、C、D、E 级网。

(四)同步图形扩展式

1. 布网形式

同步图形扩展式就是多台接收机在不同测站上进行同步观测,在完成一个时段的同步观测后,迁移到其他的测站上进行同步观测,每次同步观测都可以形成一个同步图形。在测量过程中,不同的同步图形间一般有若干个公共点相连,整个 GNSS 网由这些同步图形构成。

采用同步图形扩展式布设 GNSS 基线向量网时的观测作业方式主要有点连式、边连式、网连式、混连式。

2. 特点

同步图形扩展式具有扩展速度快、图形强度较高且作业方法简单的优点,是目前在测量中普遍采用的一种布网形式。

3. 适用范围

同步图形扩展式适用于建立 B、C、D、E 级网。

(五)单基准站式

1. 布网形式

单基准站式又称为星形网方式,以一台接收机作为基准站,在某个测站上连续开机观测,其余的接收机在此基准站观测期间,在其周围流动,每到一点就进行观测,流动的接收机之间一般不要求同步,这样,流动的接收机每观测一个时段,就与基准站间测得一条同步观测基线,所有这样测得的同步基线就形成了一个以基准站为中心的星形(见图1-2)。

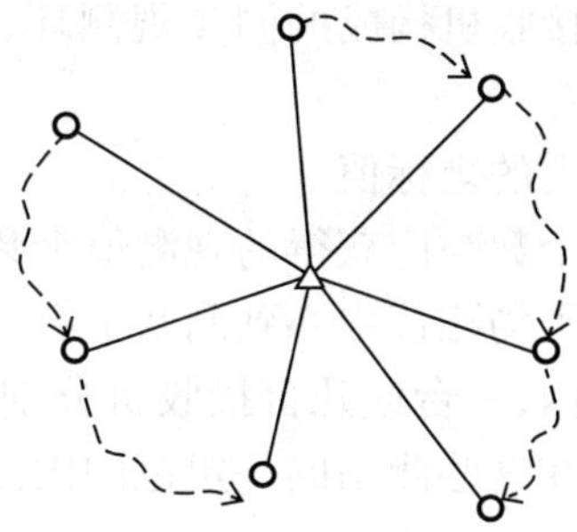

图1-2 单基准站式

2. 特点

单基准站式作业效率很高,由于各流动站与基准站之间有同步观测基线,故图形强度很弱,一般需要每个测站至少观测2次。

3. 适用范围

单基准站式由于可靠性低,一般不适用于等级控制,但可在等外控制中采用。

二、GNSS 网图形设计

GNSS 网的布网形式确定后,需结合测绘对象特点(地物地貌特点)、任务要求(精度、时间、经费等)和现有条件(仪器设备、人员、交通工具等),采用一种或几种基本图形构建整个测区的网形。

GNSS 网中的各种图形都是由独立基线向量组成的,GNSS 网的基本图形可由三角形、多边形、附合导线、支导线等组成。

由于 GNSS 控制点间无需通视,且网的精度主要取决于观测卫星与测站间的几何图形、观测数据的质量、数据处理方法等,与 GNSS 网形关系不大,因此与常规布网方法相比较为灵活。

在 GNSS 网的布网形式中,同步图形扩展式是目前在测量中普遍采用的一种布网形式,主要有点连式、边连式、网连式、边点混连式。这些布网形式由同步图形作为基本图形扩展到整个测区,采用的连接方式不同,网形结构也会不同。

据上分析,GNSS 网形设计涉及以下几点知识:

(1)GNSS 网构成的基本概念与特征条件。

(2)GNSS 网的基本图形。

(3)同步图形扩展及图形设计。

(一)GNSS 网构成的基本概念与特征条件

1. GNSS 网构成的基本概念

观测时段:测站上开始接收卫星信号进行观测到停止,连续观测的时间间隔。

同步观测:两台或两台以上接收机同时对同一组卫星进行的观测。

同步观测环:三台或三台以上接收机同步观测获得的基线向量所构成的闭合环。

独立观测环:由独立观测所获得的基线向量构成的闭合环。

异步观测环:在构成多边形环路的所有基线向量中,只要有非同步观测基线向量,则该多边形环路叫异步观测环,简称异步环。

独立基线:对于 N 台 GNSS 接收机构成的同步观测环,有 J 条同步观测基线,其中独立基线数为 $N-1$。

星历:不同时刻卫星在轨道上的坐标值。

数据剔除率:删除的观测值个数与应获得的观测值个数的比值。

天线高:观测时接收机天线平均相位中心到测站中心标志面的高度。

参考站:在一定的观测时间内,一台或几台接收机分别固定在一个或几个测站上,一直保持跟踪观测卫星,其余接收机在这些测站的一定范围内流动设站作业,这些固定站称为参考站。

流动站:在参考站的一定范围内流动作业的接收机设立的测站。

2. GNSS 网特征条件

设 n 为布设的 GNSS 点数,N 为接收机台数,m 为在每一个点上观测的次数,则根据 R. A. sany 提出的观测时段数计算公式计算 GNSS 观测时段数 S:

$$S = \frac{mn}{N} \tag{1-2}$$

在 GNSS 网中

总基线数:$J_{总} = SN(N-1)/2$;必要基线数:$J_{必} = n-1$;

独立基线数:$J_{独} = S(N-1)$;多余基线数:$J_{多} = S(N-1)-(n-1)$。

一个具体 GNSS 网图形结构的主要特征,可依据以上公式进行计算。

(二)GNSS 网的基本图形

由独立基线组成的基本图形,常见的有三角形、多边形、附合导线、星形网等。

1. 三角网

以三角形作为基本图形构成的 GNSS 网称为三角网。三角网图形结构强、抗粗差能力强、可靠性高;缺点是工作量大。

2. 多边形网

以多边形(边数≥4)作为基本图形构成的 GNSS 网称为多边形网。多边形网的几何强度弱于三角形,但通过对多边形的边数加以适当的限制,多边形网仍会具有足够的几何强度。

3. 附合导线网

以附合导线作为基本图形构成的 GNSS 网称为附合导线网。附合导线网简单、工作量小,但几何强度弱于三角网和多边形网。通过对附合导线的边数和边长进行限制,仍能保证一定的几何强度。

GNSS 测量规范中一般对多边形、附合导线的边数做出限制见表 1-4、表 1-5。

表 1-4　各级 GNSS 网最简异步观测环或附合路线的边数规定(GB/T 18314—2009)

级别	B	C	D	E
闭合环或附合路线的边数(条)	6	6	8	10

表 1-5　闭合环或附合线路边数的规定(CJJ/T 73—2010)

等级	二等	三等	四等	一级	二级
闭合环或附合线路的边数(条)	≤6	≤8	≤10	≤10	≤10

4. 星形网

星形网指从一个已知点上分别与各个待定点进行相对定位,待定点间无任何联系所构成的图形。

(三)同步图形扩展及图形设计

GNSS 网的布设就是如何将各个同步图形合理地衔接成一个整体,使其达到精度高、可靠性强、效率高、经济适用的目的。GNSS 网的布设受网的用途、任务要求、现有条件等因素的影响,布网形式中的同步图形扩展式是目前测量中普遍采用的一种布网形式,其扩展形式有星形连接、点连式、边连式、网连式、边点混连式等。

1. GNSS 网同步图形构成及独立边选择

根据上述总时段数计算公式,对于 N 台 GNSS 接收机同步观测可得到的基线数为

$$J = N(N-1)/2 \tag{1-3}$$

但其中仅有 $N-1$ 条是独立边,其余为非独立边。图 1-3 给出了当接收机数 $N=2\sim5$ 时所构成的同步图形。

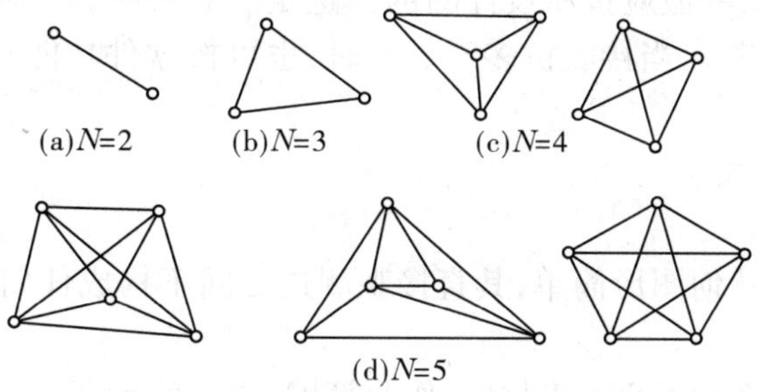

图 1-3　N 台接收机同步观测图形

在图 1-3 中,仅有 $N-1$ 条边是独立的,其余边为非独立边。图 1-4 给出了独立 GNSS 边的不同选择形式。

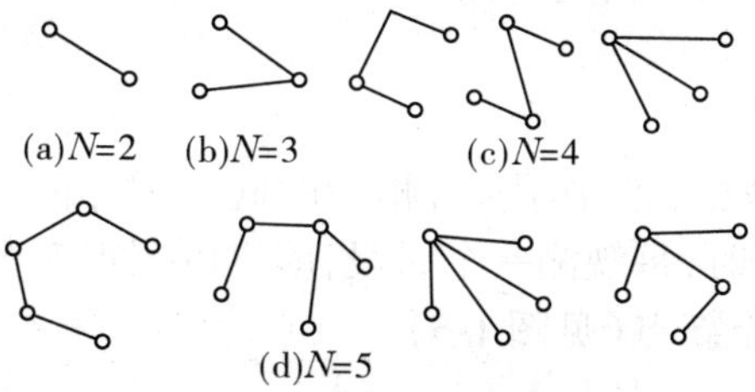

图 1-4　独立 GNSS 边的不同选择

当同步观测的 GNSS 接收机数 $N\geqslant3$ 时,同步闭合环的最少个数应为

$$T = J-(N-1) = (N-1)(N-2)/2 \tag{1-4}$$

接收机数 N、GNSS 基线数 J 和同步闭合环数 T(最少个数)的对应关系如表 1-6 所示。

理论上,同步环中各 GNSS 边的坐标差分量之和(即坐标闭合差)应为 0,但由于各台 GNSS 接收机间并不严格同步,以及模型误差和处理软件内在的缺陷,同步闭合环的闭合差并不等于 0。GNSS 规范规定了同步闭合差的限差,对于同步较好的情况,应遵守此限差要求。

表 1-6　GNSS 接收机数与边数、同步闭合环数的关系

接收机数	2	3	4	5	6
GNSS 边数	1	3	6	10	15
同步闭合环数	0	1	3	6	10

在工程应用中,同步闭合环闭合差的大小只能说明 GNSS 基线向量的解算是否合格,并不能说明 GNSS 基线向量的精度高低,也不能发现接收的信号是否受到干扰而含有粗差。

为了确保 GNSS 观测效果的可靠性,有效地发现观测成果中的粗差,必须使 GNSS 网中的独立边构成一定的几何图形。这种几何图形,可以是由数条 GNSS 独立边构成的非同步多边形(亦称非同步闭合环),如三边形、四边形、五边形……当 GNSS 网中有若干个起算点时,也可以是由两个起算点之间的数条 GNSS 独立边构成附合路线。当某条基线进行了两个或多个时段观测时,即形成所谓的重复基线坐标闭合差条件。异步环条件及全部基线坐标条件是衡量精度、检验粗差和系统差的重要指标。GNSS 网的图形设计,也就是根据对所布设的 GPS 网的精度和其他方面的要求,设计出由独立 GNSS 边构成的多边形网(或称为环形网)。

对于异步环的构成,一般应按所设计的网图选定。必要时,在经技术负责人审定后,也可根据具体情况适当调整。当接收机多于 3 台时,也可按软件功能自动挑选独立基线构成环路。

2. 同步图形扩展形式

1)星形网

(1)形式。星形网几何图形简单,其直接观测边之间不构成任何图形,仅通过一个公共点相连(见图 1-5)。

(2)优点。只需要两台 GNSS 接收机,作业简单,作业效率高,图形扩展迅速。

(3)缺点。图形强度低,直接观测边之间不构成任何闭合图形,检验和发现粗差的能力较差。

(4)适用范围。广泛应用于精度较低的工程测量、边界测量、地籍测量和地形测图等领域。

2)点连式

(1)形式。点连式就是在观测作业时,相邻的同步图形间只通过一个公共点相连。这样,当有 3 台仪器共同作业时,每观测一个时段,就可以测得 2 个新点,当这些仪器观测了 n 个时段后,就可以测得 $2n$ 个新点(见图 1-6)。

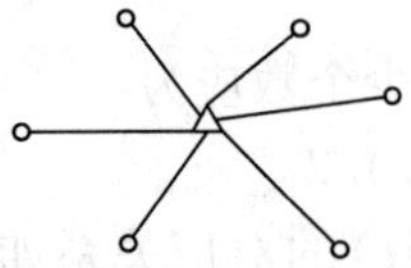

图 1-5　星形网

图 1-6　点连式网形

(2)优点。作业效率高,图形扩展迅速。

(3)缺点。所构成的图形几何强度很弱,没有或极少有非同步图形闭合条件,所构成的网形抗粗差能力不强,如果连接点发生问题,将影响到后面的同步图形。

3)边连式

(1)形式。边连式就是在观测作业时,相邻的同步图形间有一条边(即两个公共点)相连。这样,当有 3 台仪器共同作业时,每观测一个时段,就可以测得 1 个新点,当这些仪器观测了 n 个时段后,就可以测得 n 个新点(见图 1-7)。

(2)特点。边连式观测作业方式具有较好的图形强度和较高的作业效率,几何强度和可靠性优于点连式。边连式布网与点连式相比,在相同的仪器台数条件下,观测时段数将比点连式大大增加。

4)网连式

(1)形式。网连式就是在作业时,相邻的同步图形间有 3 个(含 3 个)以上的公共点相连。这样,当有 m 台仪器共同作业时,每观测一个时段,就可以测得 $m-k$(k 为公共点数)个新点,当这些仪器观测了 n 个时段后,就可以测得 $k+(m-k)n$ 个点。

(2)特点。网连式具有很强的图形强度,但网连式观测作业方式的作业效率很低。

(3)适用。一般仅用于较高精度的控制测量。

5)边点混连式

(1)形式。在实际测量作业中,由于上述几种布网方案都存在缺点,一般不单独采用上面所介绍的某一种观测作业方式,而是根据具体情况有选择地灵活采用。边点混连式观测作业方式是实际作业中最常用的作业方式,它实际上是点连式与边连式的一个结合体(见图 1-8)。

(2)特点。这种结合形式的 GNSS 网保证了网的几何强度,提高了网的可靠性,可减少外业工作量,降低成本。

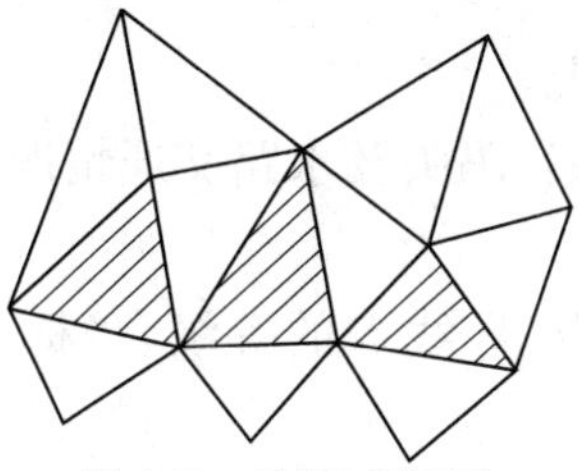

图 1-7　边连式网形

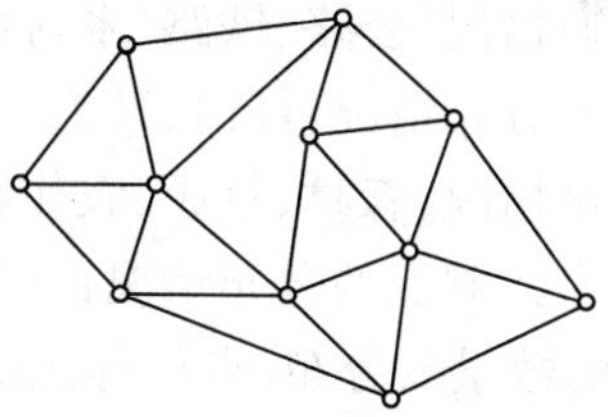

图 1-8　边点混连式网形

【参考方案】

本任务在约 777 km^2 县域内布设 D 级 GNSS 控制点。布网形式选用同步图形扩展式;基本图形采用三角形;连接方式选用边连式。

基本要求:依据 GB/T 18314—2009,相邻点间平均距离 5 km,最大距离不应超过平均距离的 2 倍,城镇区及周边,相邻点间距可根据需要适当缩短,最小距离不小于平均距离的 1/2。GNSS 网最简异步观测环或附合路线的边数不大于 8,GNSS 网点应有 1 ~2 方向通视。

具体方案为:在收集到的 1∶5万或 1∶10 万地形图上,按照选点要求及上述基本要求选取 GNSS 控制点,拟选点数为 34 点。然后按照三角形进行同步扩展,将 6 个 C 级 CGCS2000

坐标点(同时联测了三等水准)和除此之外的3个具有同等精度的水准点作为GNSS控制网的位置基准和高程基准,一并纳入联测。

任务四　观测纲要设计

【任务分析】

GNSS外业观测工作前,应做好施测前的测区踏勘及资料收集、器材准备及人员组织、外业观测计划拟订及技术设计书的编写等工作。而观测纲要设计是关键,涉及的主要内容有:

(1)接收机数量及配置。

(2)测区划分。

(3)观测进程安排。

(4)可视卫星预报。

(5)最佳观测时段选择。

(6)接收机调度计划。

【知识学习】

一、测区踏勘及资料收集

(一)测区踏勘

接到GNSS测量任务书或测绘合同后,便可进行测区踏勘,以便为编写技术设计、施工设计、成本预算提供依据。主要任务有:

(1)测区地理位置、范围大小。

(2)交通情况:公路、铁路、乡村便道的分布及通行情况。

(3)水系分布情况:江河、湖泊、池塘、水渠的分布,桥梁、码头及水路交通情况。

(4)植被情况:森林、草原、农作物的分布及面积。

(5)原有控制点的分布情况:三角点、水准点、GNSS点、导线点的等级、坐标系统、高程系统、点位的数量及分布、点位标志的保存状况等。

(6)居民点分布情况:测区内城镇、乡村居民点的分布,食宿及供电情况。

(7)当地风俗民情:民族的分布、习俗、习惯、地方方言,以及社会治安情况。

(二)资料收集

技术设计前应收集测区或工程项目有关的资料,结合GNSS测量工作区域的具体情况,需收集的资料主要有:

(1)各类图件。1∶1万~1∶10万比例尺的地形图、大地水准面起伏图、交通图等。

(2)各类控制点成果。三角点、导线点、水准点、多普勒点、GNSS点及控制点的坐标系统、技术总结等有关资料。

(3)测区有关的地理位置、地质、气象、交通、通信等特点。

(4)城市及乡村行政区划分表。

二、器材准备及人员组织

设备、器材筹备及人员组织包括如下内容:

(1)观测仪器、计算机及配套设备的准备。

(2)交通、通信设施的准备。

(3)准备施工器材,计划油料和其他消耗材料。

(4)组织测量队伍,拟订测量人员名单及岗位,并进行必要的培训。

(5)结合测区情况和测量任务进行成本的详细预算。

三、外业观测计划的拟订

外业观测工作是 GNSS 测量的主要工作。为了保证外业观测工作能按计划、按质、按量顺利完成,必须制订严密的观测计划。

(一)观测计划的拟订依据

(1)根据 GNSS 网的精度要求确定所需的观测时间、观测时段数。

(2)GNSS 网规模的大小、点位精度及密度。网规模越大,观测计划制订需越详细周密。

(3)观测期间 GNSS 卫星分布状况、卫星的几何图形强度。

(4)参加作业的 GNSS 接收机类型及数量。

(5)测区交通、通信及后勤保障等。

(二)可视卫星预报

在作业组进入测区观测前,应事先编制 GNSS 卫星可见性预报图。可视卫星预测是预报将来某一个观测时间段内,某个测站点上能观测到的卫星数及卫星号。

(三)卫星几何图形强度的选择

GNSS 定位精度同卫星与测站构成的图形强度有关,所测卫星与观测站所组成的几何图形,其强度因子可用空间位置因子(PDOP)来代表,无论是绝对定位还是相对定位,PDOP 值一般不应大于 6。

(四)最佳观测时段的选择

当进行 GNSS 观测时,一般可观测到卫星数大于 4 颗且空间结构良好,PDOP 值小于 6 的时段为最佳时段。

(五)观测区域的划分

当 GNSS 网的点数较多,网的规模较大,而参与观测的接收机数量有限,交通和通信不便时,可实行分区观测。但相邻分区应设置公共观测点,且公共点数不得少于 3 个,以便增强网的整体性,提高网的精度。

(六)接收机调度计划拟订

在确定好最佳观测时间及观测区域后,作业组在观测前须拟订接收机调度计划和编制作业调度表。调度计划应依据测区的地形、交通状况、控制网的大小、精度的高低、仪器的数量、GNSS 网的设计、卫星预报表和测区的天气、地理环境等条件制订,并考虑以下问题:保证同步观测;保证足够重复基线;设计最优接收机调度路径;保证最佳观测窗口。

作业调度表包括观测时段、测站号、测站名称及接收机号等(见表 1-7)。

表 1-7 GNSS 作业调度表

时段编号	观测时间	测站号/名	测站号/名	测站号/名	测站号/名	测站号/名	测站号/名
		机号	机号	机号	机号	机号	机号
1							
2							

若作业仪器台数、观测时段数及测站数较多,在每日出测前应采用外业观测通知单进行调度。

四、技术设计书的编写

测区外业踏勘和资料收集完成后,根据测量任务书或测量合同的要求,按照 GNSS 测量的设计原则和方法进行 GNSS 控制网设计,并编写相应的技术设计书,用于指导 GNSS 的外业测量和数据处理。技术设计书是保证 GNSS 测量工程任务圆满完成的一项重要的技术文件,主要内容有以下几项。

(一)项目及测区概况

项目及测区概况包括 GNSS 项目的来源、性质, GNSS 网的用途及意义;测区隶属的行政管辖;测区范围的地理坐标、GNSS 网控制面积;测区的交通状况和人文地理;测区的地形及气候状况;测区控制点的分布及对控制点的分析、利用和评价。

(二)作业依据及技术要求

作业依据及技术要求包括 GNSS 网设计、观测、数据处理等所依据的测量规范、工程规范、行业标准。根据任务书或测量合同的要求,或 GNSS 网的用途提出具体的精度指标要求、提交成果的坐标系统和高程系统等。

(三)测区已有资料的收集和利用情况

测区已有资料的收集和利用情况包括所收集到的测区资料,特别是测区已有的控制点的成果资料,包括控制点的数量、点名、坐标、高程、等级以及所属的系统,点位的保存状况,可利用的情况介绍等。

(四)布网方案

在适当比例尺的地形图上进行 GNSS 网的图上设计,包括 GNSS 网点的图形、网点数、连接形式,GNSS 网结构特征的测算、精度估算和点位图的绘制。

(五)选点与埋标

选点与埋标包括 GNSS 点位基本要求,点位标志的选用及埋设方法,点位的编号等。

(六)GNSS 网的外业观测

GNSS 网的外业观测包括采用的仪器与测量模式,观测的基本程序与观测的基本要求,观测计划的制订。对数据采集提出应注意的问题,包括外业观测时的具体操作规程、对中整平的精度、天线高的量测方法及精度要求、气象元素测量等。

(七)数据处理

数据处理包括数据处理的基本方法及使用的软件,起算点坐标选择;闭合环和重复基线的检验及点位精度的评定指标。

(八)质量保证措施

要求措施具体,方法可靠,能在实际中贯彻执行。包括人员配备情况、设备配备情况、观测进度制订、经费预算等。

(九)验收与资料提交

应提交的成果资料包括:测量任务书与专业设计书;点之记、环视图和测量标志委托保管书;外业观测记录(包括原始记录的存储介质及其备份)、测量手簿及其他记录(包括偏心观测);接收设备、气象及其他仪器的检验资料;外业观测数据质量分析及野外检核计算资料;数据加工处理中生成的文件(含磁盘文件)、资料和成果表;GNSS 网展点图;技术总结和成果检查报告。

【参考方案】

进行测区踏勘与资料收集。外业观测前,根据网的布设方案、规模大小、精度要求、GNSS 卫星星座、参与作业的接收机数量及后勤保障条件(交通、通信等),制订观测计划。观测计划涉及可视卫星的预测、卫星图形几何强度选择、最佳观测时段选择、观测区域划分、接收机调度计划的拟订等工作。

按照相关规范及测量任务书的要求进行技术设计,编写技术设计书,并提交相关资料。

项目二　实地选点、埋石

技术设计完成后,需根据设计的 GNSS 控制网图结合实地情况按照点位要求进行实地选点和埋石。

本项目主要分为两个任务:实地选点和埋石。

任务一　实地选点

【任务分析】

GNSS 测量中,观测站之间不要求相互通视,网的图形选择比较灵活,因此选点工作比常规控制测量要简便。但由于点位选择对于保证观测工作的顺利进行和保证测量结果的可靠性有着重要的意义,所以选点工作前,应收集和了解测区的地理情况和原有控制点分布、标石的完好性等情况。选点工作时,点位应满足一些基本要求;选点作业时,还应遵守一定的原则要求;选点结束时,应提交相关资料。

据以上分析,本任务实地选点主要包括以下知识:选点准备、观测点位要求、点位命名、选点作业要求及提交资料。

【知识学习】

一、选点准备

选点人员在实地选点前,应收集有关布网资料,包括测区 1∶50 000 或更大比例尺地形图,已有各类控制点、卫星定位连续运行基准站的资料等。

选点人员应充分了解和研究测区情况,特别是交通、通信、供电、气象、地质及大地点等情况。

二、GNSS 观测点位基本要求

(1)应便于安置接收设备和操作,视野开阔,视场内障碍物的高度角不宜超过 15°,以避免 GNSS 信号被遮挡。

(2)远离大功率无线电发射源(如电视台、电台、微波站等),其距离不小于 200 m;远离高压输电线和微波无线电信号传送通道,其距离不得小于 50 m,避免电磁场对 GNSS 信号的干扰。

(3)附近不应有强烈反射卫星信号的物体(如大型建筑物、大面积水域等),以减弱多路径效应的影响。

(4)交通方便,并应有利于其他测量手段扩展和联测。

(5)地面基础稳定,易于标石的长期保存。

(6)充分利用符合要求的已有控制点;利用旧点时,应检查旧点的稳定性、完好性、觇标安全性等,符合要求后方可使用。

(7)选站时应尽可能使测站附近的局部环境(地形、地貌、植被等)与周围的大环境保持一致,以减少气象元素的代表性误差。

(8)A 级 GNSS 点位应符合 CH/T 2008—2005 的有关规定。

三、辅助点与方位点

非基岩的 A、B 级 GNSS 点的附近应埋设辅助点,并测定其与该点的距离和高差,精度应优于 ±5 mm。

各级 GNSS 网点可视需要设立与其通视的方位点。方位点应目标明显,观测方便,方位点距网点的距离一般不小于 300 m。

四、GNSS 点位命名

技术设计、实地选点埋石时都需进行 GNSS 点的命名,其命名规则要求如下:

(1)GNSS 点名应以该点所在地命名,无法区分时可在点名后加注(一)、(二)等予以区别。少数民族地区应使用规范的音译汉语名,在译音后附上原文。

(2)新旧点重合时,应采用旧点名,不得更改。如原点位所在地名已变更,应在新点名后以括号注明旧点名。如与水准点重合,应在新点名后以括号注明水准点等级和编号。

(3)当对 GNSS 点编制点号时,应整体考虑,统一编号,点号应唯一,且便于计算机管理。

(4)点名采用汉字时,一律以国务院公布的简化字为准。

五、选点作业

选点作业应按如下要求进行：

(1)选点人员应按照技术设计书经过踏勘，在实地按上述点位基本要求选定点位，并在实地加以标定。

(2)当利用旧点时，应检查旧点的稳定性、可靠性和完好性，符合要求方可利用。

(3)需要水准联测的 GNSS 点，应实地踏勘水准路线情况，选择联测水准点并绘出联测路线图。

(4)不论新选定的点或利用旧点，均应实地按要求绘制点之记，其内容要求在现场详细记录，不得追记。

(5)A、B 级 GNSS 网点在其点之记中应填写地质概要、构造背景及地形地质构造略图。

(6)点位周围有高于 10°的障碍物时，应绘制点的环视图(见图 1-9)。

(7)一个网区选点完成后，应绘制 GNSS 网选点图。

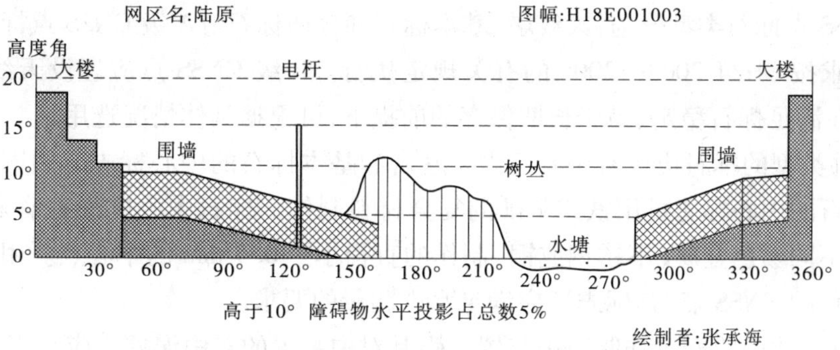

图 1-9　东局点环视图(周围有高于 10°障碍物时绘制)

六、选点后应提交的资料

选点结束后应上交的资料有：

(1)GNSS 点之记、环视图。

(2)GNSS 网选点网(测区较小，选点、埋石与观测一期完成时，可以展点图代替)。

(3)选点工作总结。

【参考方案】

(1)依据设计的 GNSS 控制网图，结合实地情况按照点位要求进行实地选点并标定。

(2)绘制点之记及点位环视图(周围有高于 10°的障碍物时)。

(3)点的命名及编号：GNSS 点名以该点所在地命名，编号按照 GXXX 四位编号，G 代表 GNSS 点位，XXX 代表点位数字编号(001～999)。

(4)选点后按要求提交资料。

任务二　埋　石

【任务分析】

GNSS 测量中，实地选点完成后，网点一般应埋设具有中心标志的标石，以精确标示点位。

标石埋设工作可分为标石制作、现场埋设、标石外部整饰等工序。

【知识学习】

一、标石制作

标石制作应满足以下要求：

(1)各级 GNSS 点均应埋设固定的标石或标志。

(2)GNSS 点标石类型分为：天线墩、基本标石和普通标石。A 级 GNSS 点标石与相关设施的技术要求按 CH/T 2008—2005 的有关规定执行。B 级 GNSS 点应埋设天线墩，C、D、E 级 GNSS 点在满足标石稳定、易于长期保存的前提下，可根据具体情况选用。

(3)各种类型的标石应设有中心标志。基岩和基本标石的中心标志应用铜或不锈钢制作。普通标石的中心标志可用铁或坚硬的复合材料制作。标石中心应刻有清晰、精细的十字线或嵌入不同颜色金属(不锈钢或铜)制作的直径小于 0.5 mm 的中心点。用于区域似大地水准面精化的 GNSS 点，其标志还应满足水准测量的要求。

(4)各种天线墩应安置强制对中装置。强制对中装置的对中误差不应大于 1 mm。

二、埋石作业

埋石作业应满足以下要求：

(1)标石应用混凝土灌制。在有条件的地区，也可用整块花岗岩、青石等坚硬石料凿制，但其规格应不小于同类标石的规定。

(2)埋设天线墩、基岩标石、基本标石时，应现场浇灌混凝土。普通标石可预先制作，然后运往各点埋设。

(3)埋设标石，须使各层标志中心严格在同一铅垂线上，其偏差不应大于 2 mm。

(4)当利用旧点时，应首先确认该点标石完好，并符合相应规格和埋石要求，且能长期保存。必要时需要挖开标石侧面查看标石情况。如遇上标石被破坏，可以下标石为准，重埋上标石。

(5)方位点应埋设普通标石，并加适当标注，以便于控制点区分。

(6)埋石所占土地，应经土地使用者或管理部门同意，并办理相应手续。新埋标石时应办理测量标志委托保管书，一式三份，交标石的保管单位或个人，上交和存档各一份。利用旧点时需对委托保管书进行核实，若委托保管情况不落实，应重新办理。

(7)B、C 级 GNSS 网点标石埋设后，至少经过一个雨季，冻土地区至少需经过一个冻解期,基岩或岩层标石至少需经过一个月后,方可用于观测。

三、标石外部整饰

标石外部整饰应遵循以下要求:

(1)B、C、D、E 级 GNSS 点混凝土标石灌制时,均应在标石上表面压印控制点的类级、埋设年代,B、C 级 GNSS 点还应在标石侧面压印"国家设施　请勿碰动"字样。

(2)B 级 GNSS 网点标石埋设后,宜在周围砌筑混凝土方井或圆井护框,其内径根据情况而定,但至少不小于 0.6m,高为 0.2m。

(3)荒漠或平原不易寻找的控制点还需在近旁埋设指示碑,其规格参见 GB/T 12898—2009。

四、埋石后上交的资料

埋石后应提交下述资料:

(1)填写了埋石填况的 GNSS 点之记(见表 1-8)。

(2)土地占用批准文件与测量标志委托保管书。

(3)埋石建造拍摄的照片。

(4)埋石工作总结。

表 1-8　GNSS 点之记

网区:平陆区　　所在图幅:149E008013 点号:C002

<table>
<tr><td>点名</td><td>南疙疸</td><td>级别</td><td>A</td><td>概略位置</td><td colspan="3">$B=34°50′, L=111°10′, H=484$ m</td></tr>
<tr><td>所在地</td><td colspan="3">山西省平陆县
城关镇上岭村</td><td>最近住所
及距离</td><td colspan="3">平陆县城县招待所,距点位 8 km</td></tr>
<tr><td>地类</td><td>山地</td><td>土质</td><td>黄土</td><td>冻土深度</td><td></td><td>解冻深度</td><td></td></tr>
<tr><td colspan="2">最近邮电设施</td><td colspan="2">平陆县城邮电局
(电报电话)</td><td>供电情况</td><td colspan="3">上岭村每天有交流电</td></tr>
<tr><td colspan="2">最近水源及距离</td><td colspan="2">上岭村有自来水,
距点 800 m</td><td>石子来源</td><td>点位附近</td><td>沙子来源</td><td>县城建
筑公司</td></tr>
<tr><td colspan="2">本点交通情况(至本点通路与最近车站、码头名称及距离)</td><td colspan="2">由三门峡搭车轮渡过黄河,向北约 8 km 到山西平陆县城,再由平陆县城乘车向东南约 7 km 到上岭村,再步行约 800 m。每天有两班车,两轮人力车可到达点位</td><td>交通线路图</td><td colspan="3">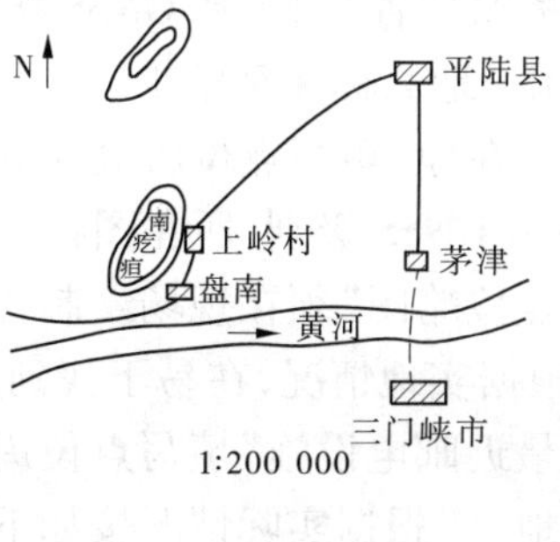</td></tr>
</table>

续表 1-8

<table>
<tr><td colspan="4">选点情况</td><td colspan="2">点位略图</td></tr>
<tr><td>单位</td><td colspan="3">国家测绘局第一大地测量队</td><td colspan="2" rowspan="5">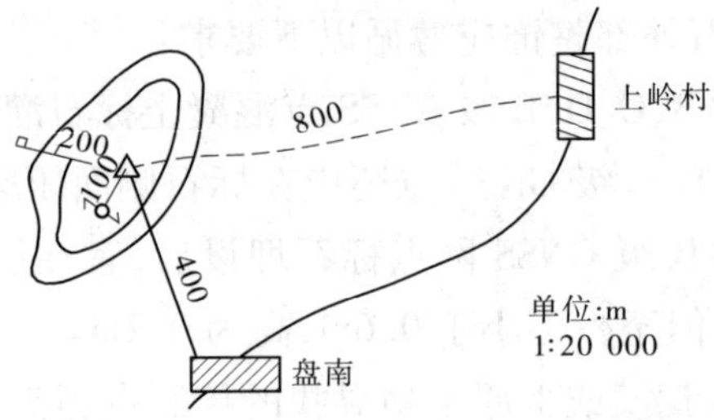
</td></tr>
<tr><td>选点员</td><td>李纯</td><td colspan="2">日期:2000. 6. 5</td></tr>
<tr><td>是否需联测坐标与高程</td><td colspan="3">联测高程</td></tr>
<tr><td>建议联测等级与方法</td><td colspan="3">二等水准测量</td></tr>
<tr><td>起始水准点及距离</td><td colspan="3">点号为Ⅱ西三 023,距离本点 1. 5 km,联测里程大约 2 km</td></tr>
<tr><td colspan="4">地质概要、构造背景</td><td colspan="2">地形地质构造略图</td></tr>
<tr><td colspan="4">埋石情况</td><td>标石断面图</td><td>接收天线计划位置</td></tr>
<tr><td>单位</td><td colspan="3">国家测绘局第一大地测量队</td><td rowspan="6">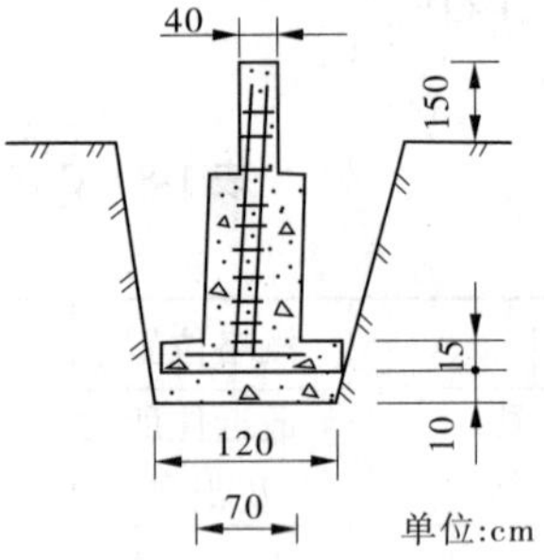
</td><td rowspan="6">天线可直接安置在墩标顶面上</td></tr>
<tr><td>埋石点</td><td>张通</td><td>日期</td><td>2000. 7. 12</td></tr>
<tr><td>利用旧点及情况</td><td colspan="3">利用原有墩标</td></tr>
<tr><td>保管人</td><td colspan="3">陈生明</td></tr>
<tr><td>保管人单位及职务</td><td colspan="3">山西省平陆县上岭村会计</td></tr>
<tr><td>保管人地址</td><td colspan="3">山西省平陆县上岭村</td></tr>
<tr><td>备注</td><td colspan="5"></td></tr>
</table>

注:A、B 级 GNSS 网点在其点之记中应填写地质概要、构造背景及地形地质构造略图。

GNSS 点之记的填写按以下要求进行:

(1)“概略位置”由手持 GNSS 接收机测定,经纬度按手持 GNSS 接收机的显示填写,概略高程采用大地高标注至整米。

(2)“所在地”填写点位所处位置的由省(直辖市)至最小行政区的名称及点位具体位置,级别填写 GNSS 级别,所在图幅填写 1∶5万地形图图幅号,网区填测区地名。

(3)“点位略图”须在现场绘制,注明点位至主要特征地貌(地物)的方向和距离。绘图比例尺可根据实地情况,在易于找到点位的原则下适当变通。

(4)“最近邮电设施”填写点位周边电信情况。

(5)“地类”根据实际情况按如下类别填写:荒地、耕地、园地、林地、草地、沙漠、戈壁、楼顶。

(6)“土质”按如下类别填写埋石坑底的土质:黄土、沙土、沙砾土、盐碱土、黏土、基岩。

(7)“最近水源及距离”填写最近水源位置及距点位的距离。

(8)“交通情况”填写自大(中)城市至本点的汽车运行路线,并注明交通工具到点情况。

(9)“交通路线图”可依比例绘制,亦可绘制交通情况示意图。

(10)“地质概要、构造背景”和“地形地质构造图”根据工程项目需要,由专业地质人员填绘。

(11)“标石断面图”按埋设的实际尺寸填绘。

【参考方案】

(1)C 级点采用基本标石,标石用混凝土现场灌制,中心标志采用不锈钢制作(见图 1-10)。

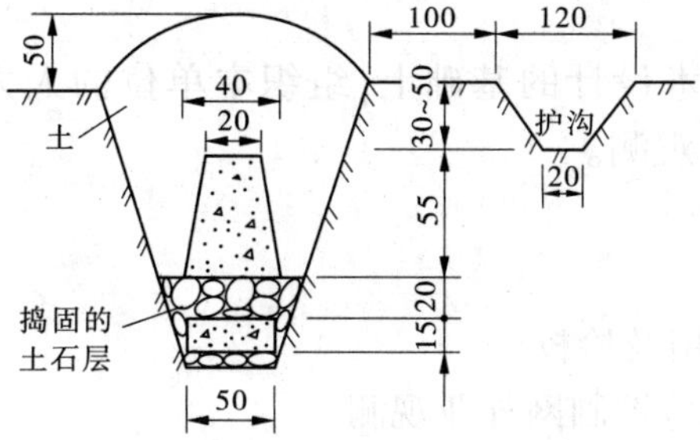

图 1-10　基本标石　(单位:cm)

(2)埋石作业按照上述要求进行,埋石结束后按规范要求提交成果资料。

案例二　GNSS 控制网外业观测

一、题目

D 级 GNSS 三维大地控制网外业观测。

二、概述

案例一中，××县在老旧控制网的基础上，进行了 D 级 GNSS 三维大地控制网技术设计及选点埋石。

某乙级测量单位在技术设计的基础上，组织本单位的人力、物力、财力，实施了 D 级 GNSS 三维大地控制网外业观测。

三、目标

(1) GNSS 接收机的选用及检校。

(2) D 级 GNSS 三维大地控制网外业观测。

四、依据

(1) 测量任务书或合同。

(2)《全球定位系统（GPS）测量规范》（GB/T 18314—2009）。

(3)《全球定位系统（GPS）测量型接收机检定规程》（CH 8016—1995）。

(4)《测绘产品质量评定标准》（CH 1003—1995）。

(5)《测绘成果质量检查与验收》（GB/T 24356—2009）。

(6) 本项目技术设计书和有关的补充文件。

五、条件

（一）已有资料

××省 C 级 GNSS 三维大地控制网技术设计书，包含 GNSS 选点图、展点图，点之记等资料可供利用。

（二）测量人员

(1) 作业单位具备乙级测绘资质以上，具有测绘高级工程师××人、测绘工程师××人、测绘技术员××人和高、中级职业资格人员若干人，具有丰富的 GNSS 测量经验。

(2) 项目安排负责人 2 人；3 个测量队，每队配技术员 2 人；后勤保障 2 人。

（三）仪器设备

(1) 静态 GNSS 接收机（带扼径圈天线）（双频或单频、接收机数≥3 套）。

(2) 计算机：2 台。

(3) 车辆：3 辆。

六、要求

（一）测区基准

（1）坐标系统：采用 CGCS2000 三维地心坐标系统，参考框架为 ITRF97，参考历元为 2000.0。

（2）高程系统：采用 1985 国家高程基准。

（3）时间系统：GPS 测量采用 GPS 时间系统，手簿记录宜采用协调世界时（UTC）。

（二）接收机检校要求

GNSS 接收机检校项目及方法等有关规定应按 GB/T 18314—2009 及 CH/T 8016—1995 的标准执行。

（三）观测要求

D 级 GNSS 测量外业观测、测量操作及观测记录等基本要求应按照 GB/T 18314—2009 的相关要求执行。

（四）产品质量控制与验收

质量控制执行“两极检查，一级验收”制度。产品质量控制与验收的项目与要求应满足 GB/T 24356—2009 等的相关规定。

七、剖析

GNSS 三维大地控制网外业实施主要包含测前准备、数据采集、重测补测、成果检核及成果提交等内容。具体涉及测前接收机的检校、作业方案、观测计划、天线安置、外业观测及观测记录等内容。

本案例主要包括两个项目：项目一　接收机检校及维护；项目二　外业测量实施。

××县 D 级大地控制网外业实施流程如图 2-1 所示。

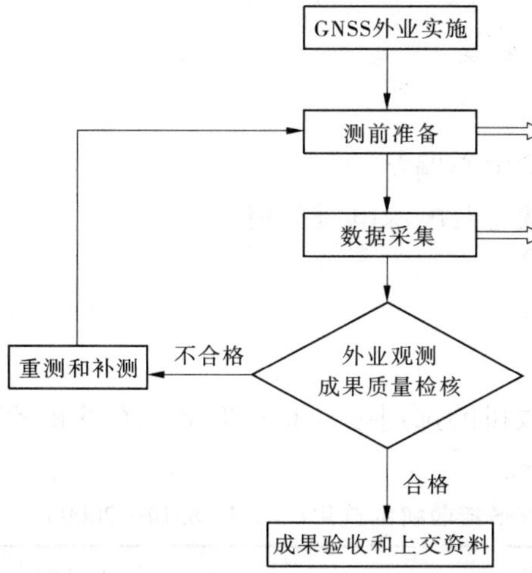

图 2-1　GNSS 外业实施流程

项目一　接收机检校及维护

GNSS 外业观测前、观测中及观测后，GNSS 接收机设备的检校与维护是不可或缺的一部分。GNSS 测量型接收机的检定主要包括接收机检定目的、检定项目和检定方法等内容。其相关规定应按 GB/T 18314—2009 及 CH/T 8016—1995 的标准执行。

本项目 GNSS 接收机的检校有两个任务：任务一　接收机选用及维护；任务二　接收机检校。

任务一　接收机选用及维护

【任务分析】

GNSS 外业观测前应根据需求及要求选用 GNSS 接收机，GNSS 接收机的选用要考虑网的用途和精度要求、接收机的功能、接收机完成测量任务的测量精度指标、数量等因素。

【知识学习】

一、接收机选用

（一）接收机基本功能

GNSS 接收机是完成测量任务的关键设备，其性能、型号与测量的精度有关，测量型接收机应具有如下基本功能：

（1）自动捕捉卫星信号、跟踪可视卫星。

（2）至少双频载波相位测量。

（3）能获取导航电文等信息。

（4）显示观测信息。

（5）天线带有抑径板。

（6）监测和实时改正天线相位中心偏差。

（7）自动监测机内电路工作状态及电源电压预报。

（8）支持多样作业模式。

（9）具有差分定位功能。

（二）接收机选用

A 级网测量采用的 GNSS 接收机的选用按 CH/T 2008—2005 的有关规定执行，B、C、D、E 级 GNSS 网按表 2-1 的规定执行。

表 2-1　GNSS 接收机的选用（GB/T 18314—2009）

级别	B	C	D、E
单频/双频	双频/全波长	双频/全波长	双频或单频
观测量至少有	L1、L2 载波相位	L1、L2 载波相位	L1 载波相位
同步观测接收机数	≥4	≥3	≥2

二、接收机维护

GNSS 接收机维护具体的操作如下：

(1) GNSS 接收机等仪器应指定专人保管，不论采用何种运输方式，均应有专人押运，并应采取防震措施，不得碰撞、倒置或重压。

(2) 作业期间，应严格遵守技术规定和操作要求，未经允许，非作业人员不得擅自操作仪器。

(3) 接收仪器应注意防震、防潮、防晒、防尘、防蚀、防辐射；电缆线不应扭折，不应在地面拖拉、碾砸，其接头和连接器应保持清洁。

(4) 作业结束后，应及时擦净接收机上的水汽和尘埃，及时存放在仪器箱内。仪器箱应置于通风、干燥、阴凉处。箱内干燥剂呈粉红色时，应及时更换。

(5) 仪器交接时应按规定的一般检视的项目进行检查，并填写交接情况记录。

(6) 接收机在使用外接电源前，应检查电源电压是否正常，电池正负极切勿接反。

(7) 当天线置于楼顶、高标及其他设施的顶端作业时，应采取加固措施，雷雨天气时应有避雷设施或停止观测。

(8) 接收机在室内存放期间，室内应定期通风，每隔 1 ~ 2 个月应通电检查一次，接收机内电池要保持充满电状态，外接电池应按其要求按时充放电。

(9) 严禁拆卸接收机各部件，天线电缆不得擅自切割改装、改换型号或接长。如发生故障，应认真记录并报告有关部门，请专业人员维修。

【参考方案】

(1) GNSS 静态接收机应具有自动捕捉卫星信号、跟踪可视卫星、双频载波相位测量、天线带有抑径板等基本功能。

(2) D 级 GNSS 测量接收机选用双频测地型接收机，同步观测 GNSS 接收机数量为 3 台。

(3) GNSS 接收机选用仪器标称精度不大于 $10\ \text{mm} + 10 \times 10^{-6} \times D$（$D$ 为平均基线长度）。

(4) 接收机具体维护按照上述要求进行。

任务二　接收机检校

【任务分析】

GNSS 接收机检验的目的是了解仪器性能、工作特性及其可能达到的精度水平。它是制订 GNSS 作业方案的依据，也是 GNSS 定位测量顺利完成的重要保证。

GNSS 接收机全面检验包括一般检视、通电检验、实测检验。

【知识学习】

一、接收机检校

GB/T 18314—2009 中对接收机的检验要求为：

(1)对于新购置的 GNSS 接收机,或当接收机天线受到强烈撞击,或更新接收机部件后,或更新天线与接收机的匹配关系后,应按规定进行全面检验后使用。

(2)GNSS 接收机检验的内容、方法和技术要求,按 CH/T 8016—1995 的规定执行;不同类型的接收机参加共同作业时,应在已知基线上进行比对测试,超过相应等级限差时不得使用。

(3)天线或基座的圆水准器、光学对中器、天线高量尺,在作业期间至少 1 个月检校一次。

GB/T 18314—2009 中对于辅助设备的检验要求:GNSS 测量所用通风干湿表、空盒气压表和其他辅助设备应定期送计量检定部门检验,并在有效期内使用。

CH/T 8016—1995 中对需要检定的 GNSS 接收机分为新购置的和修理后的 GNSS 接收机的检定及使用中的 GNSS 接收机的定期检定。按照 CH/T 8016—1995 的规定,后者各项目的检定周期一般不超过 1 年。

GNSS 接收机的一般性检视、通电检验、附件检验及实测检验内容如下。

(一)一般性检视

一般性检视包括如下内容:

(1)GNSS 接收机及天线的外观应良好,型号应正确,主机与配件应齐全。

(2)需固紧的部件是否有松动和脱落。

(3)设备使用手册和后处理软件操作手册及磁(光)盘应齐全。

(二)通电检验

通电检验包括下列内容:

(1)有关信号灯工作应正常。

(2)按键和显示系统工作应正常。

(3)利用自测试命令检测仪器工作是否正常。

(4)检验接收机锁定卫星时间的快慢、接收信号强弱及信号失锁情况。

(三)附件检验

实测检验前,还应对 GNSS 接收机附件进行检验:

(1)电池、电缆和充电机的检验。

(2)天线连接件及天线高量尺的检验。

(3)数据传录设备及软件是否齐全,数据传输性能是否完好。

(4)气象测试仪表检验内容。

(四)实测检验

接收设备一般性检视和通电检验完成后,应在不同长度的标准基线(规定的不同长度基线)上进行以下测试:

(1)接收机内部噪声水平测试。该测试可采用零基线测试方法和超短基线测试方法,并尽可能采用零基线测试方法。

(2)接收机天线相位中心偏差及稳定性测试。天线相位中心稳定性测试是测定天线相位中心与厂家提供的天线相位中心位置(天线几何对称轴线上的位置)之差。可采用相对测定法和旋转天线法,较为严格测定相位中心的方法为旋转天线法。

(3)接收机野外作业性能及不同测程精度指标测试。该项检验可分为短基线检验和中长基线检验。

(4)接收机频标稳定性检验和数据质量的评价。接收机频标的稳定性(主要是短期频率稳定特性)对观测数据的质量有着重大影响,主要表现为观测值残差大小和噪声水平、小周跳,特别是半周周天出现的频率。它是考核接收机性能和潜在的可达到的精度水平的一个重要指标。

考核的主要指标为:数据的噪声水平;周跳出现的频率;低仰角情况下(例如 15°~25°),数据质量的变化;低仰角情况下,多路径效应的影响。

(5)接收机高低温性能测试。此项测试可以在野外不同气候条件下进行,亦可在专用的高低温试验箱中进行。

(6)接收机综合性能评价等。

【参考方案】

GNSS 接收机检校项目应按上述内容及要求进行,有条件的可自行检校,或交由相关单位检校,并出具检验报告。

项目二　外业测量实施

实地选点埋石后,点位需经过一定的周期,方可进入下一步的工作——外业观测。外业观测包括拟订观测方案及外业观测。

本项目包含两个任务:“任务一　观测方案”和“任务二　外业观测”。

任务一　观测方案

【任务分析】

在外业观测前,应根据规范和技术设计中的相关规定、参加作业的接收机数量、测区的交通状况和通信条件,以及天气状况等因素来拟订观测方案,并依据观测方案进行外业观测。

对于规模较大、等级较高的网,需要编写专门的外业观测施工设计书;对于一般的工程控制网,仅需要逐天编制外业观测调度计划表。

观测方案涉及以下知识内容:观测基本要求、测区划分、接收机配备、迁站方案、作业调度、外业观测(包含接收机架设、天线定向、天线高量取、参数设置与操作、观测记录)等内容。

【知识学习】

一、基本技术要求

A 级 GNSS 网观测的技术要求按 CH/T 2008—2005 的有关规定执行。B、C、D、E 级 GNSS 网观测的基本技术规定按表 2-2 的要求执行,城市及工程 GNSS 测量在作业中应按表 2-3有关技术指标执行。

表 2-2　B、C、D、E 级 GNSS 网观测的基本技术规定(GB/T 18314—2009)

项目	级别			
	B	C	D	E
卫星截止高度角(°)	10	15	15	15
同时观测有效卫星数	≥4	≥4	≥4	≥4
有效观测卫星总数	≥20	≥6	≥4	≥4
观测时段数	≥3	≥2	≥1.6	≥1.6
时段长度	≥23 h	≥4 h	≥60 min	≥40 min
采样间隔(s)	30	10～30	5～15	5～15

注:1. 计算有效观测卫星总数时,应将各时段的有效观测卫星数扣除其间的重复卫星数。

2. 观测时段长度,应为开始记录数据到结束记录的时间段。

3. 观测时段数≥1.6,指采样网观测模式时,每站至少观测一时段,其中二次设站点数应不少于 GNSS 网总点数的 60%。

4. 采用基于卫星定位连续运行基准站点观测模式时,可连续观测,但观测时间应不低于表中规定的各时段观测时间和。

说明:B、C、D、E 级 GNSS 网测量可不观测气象元素,而只记录天气状况。观测数据文件名中应包含测站名或测站号、观测单元、测站类型、日期、时段号等信息。雷电、风暴天气时,不宜进行 B 级网观测。

表 2-3　各级城市及工程 GNSS 测量基本技术要求规定(CJJ/T 73—2010)

项目	观测方法	等级				
		二等	三等	四等	一级	二级
卫星截止高度角(°)	静态	≥15	≥15	≥15	≥15	≥15
有效观测同类卫星数	静态	≥4	≥4	≥4	≥4	≥4
平均重复设站数	静态	≥2.0	≥2.0	≥1.6	≥1.6	≥1.6
时段长度(min)	静态	≥90	≥60	≥45	≥45	≥45
数据采样间隔(s)	静态	10～30	10～30	10～30	10～30	10～30
PDOP 值	静态	<6	<6	<6	<6	<6

二、测区划分与接收机配备

观测分区划分要求为:B、C、D、E 级 GNSS 网的布测视测区范围的大小,可实行分区观测。当实行分区观测时,相邻分区间至少应有 4 个公共点。

GNSS 接收机配备主要包含接收机的类型、数量等问题。不同等级的 GNSS 测量对接收机有不同的要求。任一个同步观测子区或观测单元子区参加观测的接收机台数应符合规范的规定(见表 2-1),并尽可能采用双频接收机进行观测,以便于周跳探测、电离层折射的影响的消除等。实际工作中,接收机数量越多,联测网点的数量也越多,网的图形结构就越好,推进的速度也越快,但接收机的数量的增加也使作业调度变得复杂。因此,接收机的配置要考虑任务的范围、特点及要求，接收机数量，生产任务的紧迫性，生产单位的人员与仪器实际情况，作业调度的难易性等方面的因素，进行合理配置。

三、作业调度及迁站方案

（一）作业调度

作业调度计划涉及外业观测期间人员、设备、车辆等，是GNSS测量的关键环节之一。

1. 人员安排

GNSS外业测量中，观测作业由外业观测队负责实施。测量队一般由队长、观测分组、驾驶员以及负责后勤保障的人员组成。作业人员应合理配置，一般为1～3人。

2. 交通工具

实际工作中需要利用一定的交通工具来提高工作进度，所需数量一般不少于观测小组的一半。

3. 调度计划

调度计划应根据预报卫星、PDOP值、人员、交通等情况，选择合适的时段，确定相应的观测时长并填写详细的调度命令来拟订次日的作业计划。

1）观测时段及时长

观测时段的选取主要考虑到卫星星座的情况，可通过相应的软件进行预报，确定合理的观测窗口。软件可根据测区概略位置和卫星星历预报次日的可视卫星及PDOP值，作业人员据此选择相应的时段和时长进行观测，一般可视卫星不应小于6颗，PDOP值应小于6。

2）调度计划

观测作业前，为了保证调度计划能够高效、正确的实施，需要认真仔细填写调度计划，核对后分发给各个作业小组，作为次日作业调度的依据。静态相对测量中，如果一个小组出错，会导致相邻小组返工，因此作业调度计划应正确填写次日观测时段数、每个观测时段的起始时间、作业人员对应的点位、对应的接收机编号等情况。

4. 接收机编号

确定参加作业的GNSS接收机的数量、类型后，应对参加作业的接收机进行编号，并明确该编号的接收机观测的点位及作业人员。

（二）迁站方案

迁站方案是在连续多个时段的观测作业期间，按照作业调度计划，观测作业人员的搬站次序。具体来讲就是观测小组在什么时间、什么地点、哪个点位进行观测，然后什么时间迁站到什么地点、什么点位上进行下一时段的观测。

常见的迁站方案有平推式、翻转式、伸缩式等。

1. 平推式

平推式迁站是在进行同步图形推进时，各小组从一点到另一点的路线距离基本一致，且每组运动的距离最短。迁站时，所有的小组都需要迁站，每组都向前迁到邻近的点位上观测。

平推式迁站时间利用率高，便于发现上站错误及削弱对中整平误差的影响，有利于提高测量成果的可靠性，但需为每组配备车辆，投入成本增加；平推式迁站作业时需不停运动，增加了作业难度，同时大量的运动增加了某组出现意外导致整个观测延迟的可能性，增加了各组的协同难度。

2. 翻转式

翻转式迁站在进行同步图形扩展时，一部分小组留在原地不动，另一部分小组迁站到新测站上；下一次同步图形扩展时，上次留在原地不动的小组迁站，而上一次迁站的小组留在原测站上。

翻转式迁站作业简单，强度小，但这种迁站方式无法发现上站错误；为了削弱对中整平误差的影响，在同一测站进行多时段的观测时，需在每时段开始前重新对中整平。

3. 伸缩式

伸缩式迁站是在同步图形扩展时，位于扩展方向后部的数个小组留在测站上，位于扩展方向前部的数个小组迁站到新的测站上；下次同步图形扩展时，位于后部的数个小组迁至前面小组在前次迁站前的测站上，而位于前部的小组留在测站上，到此就完成了一次伸缩，重复上述过程完成整个网的观测。

四、外业观测

外业观测包含接收机架设、天线定向、天线高测定、参数设置、观测记录等内容。

（一）接收机架设

在测站上安置三角架，接收机天线安放在三角架上，对中误差应不大于 1 mm；整平时，用天线基座上的圆水准气泡或长水准气泡整平天线。

（二）天线定向

GNSS 天线安置时，为了顾及磁偏角改正，须将天线上的标志线指向正北，实际作业中可用罗盘仪来定向。

GB/T 18314—2009 规定，B 级 GNSS 测量时，天线定向标志线应指向正北，顾及当地磁偏角修正后，其定向误差不应超过 ±5°，对于定向标志不明显的接收机天线，可预先设置标记，每次按此标记安置仪器。其他等级的 GNSS 测量未加以说明，建议在测量时以 B 级规定作为标准进行仪器安置。

（三）天线高测定方法及要求

1. 天线墩上天线高的测定

用天线高量测杆或小钢卷尺从厂家规定的天线高量测基准面彼此相隔 120°的三个位置分别量取至天线墩中心标志面的垂直距离，互差小于 2 mm，取平均值为天线高。

2. 三角架上天线高测定

备有专用测高标尺的接收设备，将标尺插入天线的专用孔中，下端垂准中心标志，直接读出天线高（或加一常数）。

其他接收设备，可采用倾斜测量方法，从脚架三个空当（互成 120°）量取天线高量测基准面至中心标志面的距离，互差应小于 3 mm，取平均值为 L，天线底盘半径为 R，天线高 h 按式(2-1)求出：

$$h = \sqrt{L^2 - R^2} \tag{2-1}$$

3. 觇标仪器台上天线高测定

按天线墩上天线高测定的方法量取天线高量测基准面至仪器台上表面的高差 h'，再量取仪器台的厚度 h''，再用钢卷尺不同部位量取仪器台下表面至中心标志面的高差 3 次，其互

差不应大于 5 mm,取平均值为最后结果 h''',则天线高 h 按式(2-2)求出:

$$h = h' + h'' + h''' \tag{2-2}$$

在 GNSS 测量手簿中应绘出天线高量测方法略图。

(四)接收机参数设置

GNSS 静态外业观测时,接收机一般需设置统一的卫星截止高度角和采样间隔。实际作业时,应根据任务要求、接收机存储、观测精度、观测时长等来具体设置。

(五)观测记录

接收机开机后,当达到观测条件后,开始跟踪卫星并记录观测数据。在这个过程中,观测员应通过相应的按键、菜单查看并记录接收机的观测信息、记录测站气象信息及天线高量取信息。

接收机启动前与作业过程中,观测员可使用专用功能键和选择菜单,查看测站信息、接收卫星数、卫星编号、PDOP 值、卫星健康状况、各通道的信噪比、单点定位结果、观测文件名、卫星高度角、采样间隔、剩余存储空间、电池电量等信息。如发现异常情况或未预料到的情况,应记录在测量手簿的备注栏内,并及时报告作业调度者。

每时段观测开始及结束前各记录一次观测卫星号、天气状况、实时定位经纬度和大地高、PDOP 值等。一次在时段开始时,一次在时段结束时。时段长度超过 2 h,应每当 UTC 整点时增加观测记录上述内容一次,夜间放宽到 4 h。

每时段观测前后应各量取天线高一次,其测量方法及要求见上述内容。两次量高之差不应大于 3 mm,取平均值作为最后天线高。若互差超限,应查明原因,提出处理意见记入测量手簿记事栏。

气象观测时,所用干湿温度计应悬挂在测站附近,与天线相位中心大致同高处。悬挂地点应通风良好,避开阳光直射。空盒气压计可置于测站附近的地面上,但需根据地面与天线相位中心间的高差进行高程修正。当测站附近的小环境与周围大环境不一致时,可在合适处量测气象元素,然后加上高差修正划算到天线相位中心处的气象元素。

【参考方案】

(1)观测基本要求。D 级 GNSS 外业观测基本技术要求:卫星截止高度角 15°,同时观测有效卫星数≥4 颗,有效观测卫星总数≥4 颗,观测时段数 2,时段长度 60 min,采样间隔 10 s,时段中任一卫星有效观测时间≥15 min,PDOP 值<6。

(2)观测分区划分。根据测区范围分东西两个测区,相邻分区间有 6 个公共点。

(3)迁站方案及作业调度。迁站方案采用翻转式;作业调度按调度计划充分考虑上述涉及的因素执行。

(4)外业观测。接收机架设按照上述要求进行;天线高量取方式采用斜高,测前测后各量取一次,每次用天线高量测杆或小钢卷尺从厂家规定的天线高量测基准面彼此相隔 120°的三个位置分别量取至中心标志面的垂直距离,互差小于 2 mm,取平均值作为天线高。接收机参数设置:接收机设置统一的卫星截止高度角 15°和采样间隔 10 s;观测记录按上述要求进行。

任务二　外业观测

【任务分析】

观测作业的主要目的是捕获 GNSS 卫星信号，并对其进行跟踪、记录和处理，以获得所需要的定位信息和观测数据。

外业观测主要包含观测前的准备工作、观测作业、观测记录、质量控制及成果检核、补测和重测等内容。

【知识学习】

一、准备工作

外业出测前，应对照外业观测设备列表，检查以下内容：GNSS 接收机、天线及相关的电缆；外部电池（包括备用电池）、电池充电器；数据存储器；三脚架、基座或用于将天线连接到三角架上的连接器；量取天线高的卷尺或其他量高仪；铅垂、伞及支持设备等；外业观测手簿、地图、点之记、观测时间表、调度表、说明书等；有用的辅助设备；测量员的工具如扳手等；交通工具。

开始观测前，按照规范做好以下工作：

（1）GNSS 接收机在开始观测前，应进行预热和静置。具体要求按接收机操作手册进行。

（2）按照观测方案设计，天线安置应符合观测作业要求（任务一）。

二、观测作业

观测作业中应遵循以下要求：

（1）观测组应严格按规定的时间进行作业。

（2）经检查接收机电源电缆和天线等各项连接无误，方可开机。

（3）开机后经检验有关指示灯与仪表显示正常后，方可进行自测试并输入测站、观测单元和时段等控制信息。

（4）接收机启动前与作业过程中，应随时逐项填写测量手簿中的记录项目。测量手簿格式、记录内容等应满足一定要求。

（5）按要求进行观测记录（任务一）。

（6）除特殊情况外，不宜进行偏心观测。若实施偏心观测，应测定归心元素，其方法可参考 GB/T 17942—2000。

（7）观测员要细心操作，观测期间防止接收设备震动，更不得移动，要防止人员和其他物体碰动天线或阻挡信号。

（8）观测期间，不应在天线附近 50 m 以内使用电台，10 m 以内使用对讲机。

（9）天气太冷时，接收机应适当保暖；天气很热时，接收机应避免阳光直接照射，确保接收机正常工作。

(10)一时段观测过程中不应进行以下操作:①接收机重新启动;②进行自测试;③改变卫星截止高度角;④改变数据采样间隔;⑤改变天线位置;⑥按动关闭文件和删除文件等功能键。

(11)经检查,所有规定作业项目均已全面完成,并符合要求,记录与资料完整无误,方可迁站。

三、外业观测记录

(一)A 级 GNSS 网外业成果记录

A 级 GNSS 网外业成果记录的内容和要求按 CH/T 2008—2005 的有关规定执行。

(二)B、C、D、E 级 GNSS 网外业成果记录

1. 记录类型

GNSS 测量作业所获取成果记录应包括以下三类:

(1)观测数据。

(2)测量手簿。

(3)其他记录,包括偏心观测资料等。

2. 记录内容

(1)观测记录项目应包括以下主要内容:

①观测数据(原始观测数据和 Rinex 格式数据);

②对应观测值的 GNSS 时间;

③测站和接收机初始信息:测站名、测站号、观测单元号、时段号、近似坐标及高程、天线及接收机型号和编号、天线高与天线高量取位置及方式、观测日期、采样间隔、卫星截止高度角。

(2)测量手簿记录。GNSS 测量手簿记录格式见表 2-4。

GNSS 测量手簿记录内容及要求如下:

①点号、点名。

②图幅编号:填写点位所在的 1∶50 000 地形图图幅编号。

③观测员、记录员。

④时段号、观测日期:每个测站时段号按顺序连续编写,如 01、02、03、…;观测时间填写年、月、日,并打一斜线填写年积日。

⑤接收机型号及编号、天线类型及编号:填写全名,如“Ashtech ZXtreme”“扼流圈双波段天线”,主机及天线编号(S/N、P/N)从主机及天线上查取,填写完整。

⑥存储介质及编号、备份存储介质及编号。

⑦原始数据文件名、Rinex 格式数据文件名。

⑧近似经度、近似纬度、近似高程:近似经纬度精确至 1′,近似高程精确至整米。

⑨采样间隔、开始记录时间、结束记录时间:采样间隔填写接收机实际设置的数据采样率。

表 2-4　GNSS 测量手簿记录格式(GB/T 18314—2009)

<table>
<tr><td>点　号</td><td></td><td>点　名</td><td></td><td>图幅编号</td><td></td></tr>
<tr><td>观测记录员</td><td></td><td>观测日期</td><td></td><td>时段号</td><td></td></tr>
<tr><td>接收机型号
及编号</td><td></td><td>天线类型及其
编号</td><td></td><td>存储介质类型
及编号</td><td></td></tr>
<tr><td>原始观测数
据文件名</td><td></td><td>Rinex 格式数
据文件名</td><td></td><td>备份存储介质
类型及编号</td><td></td></tr>
<tr><td>近似纬度</td><td>° ′ ″ N</td><td>近似经度</td><td>° ′ ″ E</td><td>近似高程</td><td>m</td></tr>
<tr><td>采样间隔</td><td>s</td><td>开始记录时间</td><td>h　min</td><td>结束记录时间</td><td>h　min</td></tr>
<tr><td colspan="2">天线高测定</td><td colspan="2">天线高测定方法及略图</td><td colspan="2">点位略图</td></tr>
<tr><td colspan="2">测前：　　测后：
测定值____　__________ m
修正值____　__________ m
天线高____　__________ m
平均值____　__________ m</td><td colspan="2"></td><td colspan="2"></td></tr>
<tr><td colspan="2">时间(UTC)</td><td colspan="2">跟踪卫星数</td><td colspan="2">PDOP</td></tr>
<tr><td colspan="2"></td><td colspan="2"></td><td colspan="2"></td></tr>
<tr><td colspan="2"></td><td colspan="2"></td><td colspan="2"></td></tr>
<tr><td colspan="2"></td><td colspan="2"></td><td colspan="2"></td></tr>
<tr><td colspan="2"></td><td colspan="2"></td><td colspan="2"></td></tr>
<tr><td colspan="2"></td><td colspan="2"></td><td colspan="2"></td></tr>
<tr><td colspan="2"></td><td colspan="2"></td><td colspan="2"></td></tr>
<tr><td colspan="2"></td><td colspan="2"></td><td colspan="2"></td></tr>
<tr><td colspan="2"></td><td colspan="2"></td><td colspan="2"></td></tr>
<tr><td colspan="2"></td><td colspan="2"></td><td colspan="2"></td></tr>
<tr><td>记事</td><td colspan="5"></td></tr>
</table>

⑩站时段号、日时段号。

⑪天线高及其测定方法及略图：测定方法按上述要求，各项测定值取至 0.001 m。

⑫点位略图：按点附近地形地物绘制，应有 3 个标定点位的地物点，比例尺大小视点位具体情况确定。点位环境发生变化后，应注明新增障碍物的性质，如森林、建筑物等。

⑬测站作业记录：记载有效观测卫星数、PDOP 值等，B 级每 4 h 记录一次，C 级每 2 h 记

录一次,D、E 级观测开始与结束时各记录一次。

⑭记事:记载天气状况,填写开机时的天气状况,按晴、多云、阴、小雨、中雨、大雨、小雪、中雪、大雪、风力、风向选一填写,同时记录云量及分布;记载是否进行偏心观测,其记录在何手簿,以及整个观测过程中出现的重要问题、出现时间及其处理情况。

3. 记录要求

GNSS 外业测量时记录有以下要求:

(1)观测前和观测过程中应按要求及时填写各项内容,书写要认真细致,字迹清晰、工整、美观。

(2)测量手簿各项观测记录一律使用铅笔,不应刮、涂改,不应转抄或追记,如有读、记错误,可整齐划掉,将正确数据写在上面并注明原因。其中天线高、气象读数等原始记录不应连环涂改。

(3)手簿整饰、存储介质注记和各种计算一律使用蓝黑墨水笔书写。

(4)外业观测中接收机内存储介质上的数据文件应及时拷贝成一式两份,并在外存储介质外面适当处制标签,注明网区名、点名、点号、观测单元号、时段号、文件名、采集日期、测量手簿编号等。两份存储介质应分别保存在专人保管的防水、防静电的资料箱内。

(5)接收机内所存数据文件卸载到外存介质上时,不应进行剔除、删改或编辑。

(6)测量手簿应事先连续印页码并装订成册,不应缺损。其他记录,应分别装订成册。

【参考方案】

本任务中外业观测涉及的准备工作、观测作业、观测记录等内容应按上述要求执行。

案例三 GNSS控制网数据处理

一、题目

D级GNSS控制网静态数据处理。

二、概述

××县组织相关测绘单位通过案例一、二完成了D级GNSS三维大地控制网技术设计与外业观测。

某乙级测量单位根据技术设计资料和外业观测数据,组织实施了D级GNSS三维大地控制网数据处理,并对处理成果进行了精度评定。

三、目标

(1)外业观测数据整理、编辑及格式转换。

(2)创建工程项目,进行基线解算。

(3)网平差与高程拟合。

(4)控制网质量控制与精度评估。

四、依据

(1)测量任务书或合同。

(2)《全球定位系统(GPS)测量规范》(GB/T 18314—2009)。

(3)《全球定位系统城市测量技术规程》(CJJ 73—97)。

(4)《卫星定位城市测量规范》(CJJ/T 73—2010)。

(5)《测绘产品质量评定标准》(CH 1003—95)。

(6)《测绘产品检查验收规定》(CH 1002—95)。

(7)《测绘成果质量检查与验收规定》(GB/T 23456—2009)。

(8)本项目的技术设计书和有关的补充文件。

五、条件

(一)已有资料

(1)C级GNSS控制点6个,坐标系统为CGCS2000。该C级点均进行了三等水准联测,除此之外,还有3个三等水准点,为1985国家高程基准,经检查验收,满足使用要求。

(2)三维大地控制网技术设计书、GNSS原始观测手簿、观测网图、GNSS外业静态观测数据、外业观测技术总结等。

(二)测量人员

(1)作业单位具备乙级测绘资质,具有高级工程师××人、工程师××人、技术员××

人和高、中、初级职业资格人员若干人。

(2)项目安排负责人 1 人,数据处理技术员 4 人,后勤保障 1 人。

(三)设备及软件

(1)仪器设备:静态 GNSS 接收机、数据传输线等。

(2)数据处理软件:如天宝 TBC、徕卡 LGO、南方 GPSADJ 软件等。

(3)计算机:4 台。

六、要求

(一)软件要求

GNSS 基线解算与网平差软件需采用成熟的软件进行处理,可采用随接收机配备的商用软件。数据处理软件应经有关部门的试验鉴定并经业务部门批准方可使用。

(二)测区基准

(1)坐标系统:采用 CGCS2000 坐标系。

(2)高程系统:1985 国家高程基准。

(三)基线解算要求

(1)外业数据质量检核涉及的同一时段观测值数据剔除率、重复基线、同步环、异步环等指标应满足 GB/T 18314—2009 的要求。

(2)基线向量解算的准备、解算方案、解算方法、精度要求等应满足 GB/T 18314—2009 的要求。

(四)GNSS 网平差

GNSS 网无约束平差和约束平差的方法、技术指标等应满足 GB/T 18314—2009 的要求。

(五)数据处理成果与验收

产品质量控制与验收的项目及要求应满足《测绘产品检查验收规定》(CH 1002—95)、《测绘产品质量评定标准》(CH 1003—95)与《测绘成果质量检查与验收规定》(GB/T 23456—2009)的要求。

七、剖析

GNSS 静态数据处理过程大致可分为数据传输、格式转换、基线解算、网平差以及高程拟合等几个步骤。处理流程见图 3-1。

项目一 数据准备与项目创建

本项目数据准备与项目创建是进行静态数据处理必不可少的一个步骤,涉及数据传输、数据格式转换、外业数据质量检核、软件选用、项目创建等知识内容。

任务一 数据准备

【任务分析】

GNSS 外业观测结束后,要进行数据处理,须将接收机存储的静态观测数据传输到计算

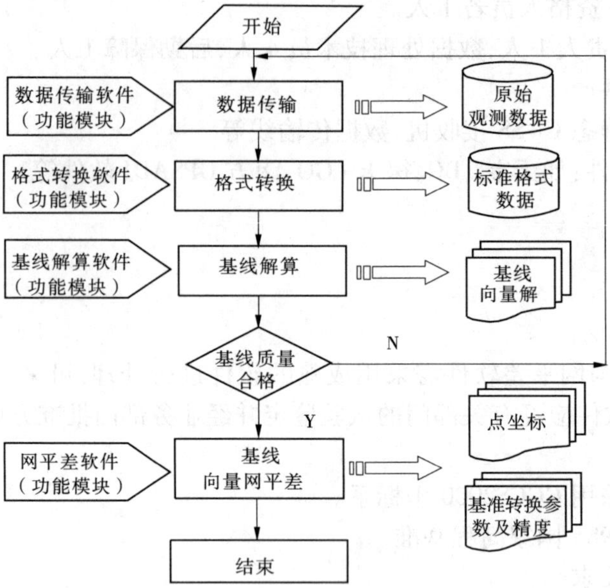

图 3-1　GNSS 数据处理流程

机，并结合外业观测手簿等资料，对外业数据进行编辑、格式转换、质量检核等操作，这一过程称为数据准备。

本任务数据准备涉及接收机数据存储、传输方式，接收机原始静态观测数据格式，RINEX 格式，数据格式转换，观测数据编辑，质量检核等知识内容。

【知识学习】

一、数据传输

GNSS 接收机外业观测数据存储常见的方式有两种：一是将数据存储在机内存储介质上，不可插拔，即接收机内部存储器；二是将数据存储在可插拔的存储卡上，即可移动的存储器。

数据传输是指将外业观测的 GNSS 数据通过一定的方法传输到计算机中。传输到计算机中的数据一般采用 GNSS 接收机厂商定义的专有格式以二进制文件的形式进行存储。

外业观测数据存储在机内存储介质上时，一般需用专用电缆设备将接收机与计算机连接，并利用相应的软件将数据传输至计算机，或者有些接收机可直接将数据拷贝至电脑硬盘。

外业观测数据存储在可插拔的存储卡时，可将存储卡拔下，插到计算机相应的接口上进行数据拷贝。

二、数据格式及转换

传输到计算机上的数据具有一定的数据格式，不同接收机厂商及仪器型号的数据格式不同。由于数据处理软件识别的数据格式有限，因此需要统一数据格式和进行数据格式的转换。

GNSS 静态数据格式主要分为不同接收机品牌专有的数据格式(如 Trimble、Leica 等接收机的数据格式)和接收机通用数据交换格式(RINEX 文件格式)。

专有数据格式随厂商而不同,有时甚至同一厂商不同仪器型号的格式也会不同。因此,专有数据格式通用性差,不便于不同数据处理软件的识别及处理,但该格式具有存储效率高、数据量小、信息齐全等优点。

接收机通用数据交换格式(RINEX 文件格式)则是为了克服上述不同接收机厂商的专有数据格式的缺点而采用的一种标准数据格式,该数据格式与接收机厂商和型号无关,便于不同专有数据格式文件的交互使用,且该格式可被几乎所有的数据处理软件直接读取。

(一)接收机原始观测数据格式

目前,国际上较为知名的接收机生产厂商有美国 Trimble(天宝)公司、瑞士 Leica (徕卡)公司、日本 TOPCON(拓普康)公司等,国内厂家主要有南方测绘、中海达、华测、科力达等。

不同品牌的接收机数据文件的专有数据格式也不同,常见的数据格式有天宝的"*.dat",拓普康的"*.jps",南方的"*.sth",中海达的"*.zhd",华测的"*.hcn"等。

(二)接收机通用数据格式(RINEX 文件格式)

RINEX(Receiver Independent Exchange Format,接收机可交换格式)是 GNSS 测量中普遍采用的一种通用标准数据格式。该格式采用文本文件存储,数据记录格式与接收机厂商和型号无关。

RINEX 格式由瑞士伯尔尼大学天文学院(Astronomical Institute, University of Berne)的 Werner Gurtner 于 1989 年提出。当时,提出该格式的目的是能够综合处理在 EUREF89(欧洲一项大规模的 GPS 联测项目)中所采集的 GPS 数据。该项目采用了来自 4 个不同厂商共 60 多台 GPS 接收机。到目前为止 RINEX 共经历了三个版本:RINEX 第 1 版,第 2 版和第 3 版。

1. RINEX 1.0 文件格式

1989 年 3 月,在美国新墨西哥州举行的第五届国际卫星定位大地测量学术讨论会上,成立了 GNSS 交换格式的专题研究机构,讨论了各种数据交换格式的差异。经过讨论决定,形成了 RINEX (版本 1.0) 数据交换格式(RINEX 1.0)。1989 年 8 月,在英国爱丁堡举行的国际大地测量协会上,RINEX 格式被推荐为通用的测量 GNSS 数据的标准交换格式。在随后一年半的应用中,RINEX 被证明为 GNSS 数据交换的一种有效途径。

2. RINEX 2.xx 文件格式

1990 年 9 月 5 日,在加拿大渥太华举行的第二届国际 GPS 精密定位学术讨论会上,提出了 RINEX 格式(版本 2.0) 的建议,即 RINEX 2.0。最后一次定稿是 1993 年 3 月在瑞士伯尔尼举行的 IGS 地球动力学学术讨论会上通过的。现在的 RINEX 格式经过多次的补充和修订,已经成为 GNSS 数据处理软件的一种标准输入格式而被普遍采用,该版本能够用于包括静态和动态 GNSS 测量在内的不同观测模式数据。

RINEX 第二版中定义了 6 种不同类型的数据文件,分别用于存放不同类型的数据,分别是观测值文件(用于存放 GNSS 观测值)、导航电文文件(用于存放 GNSS 卫星导航电文)、气象数据文件(用于存放在测站处所测定的气象数据文件)、GLONASS 导航电文文件(用于存放 GLONASS 卫星导航电文文件)、GEO 导航电文文件(用于存放在增强系统中搭载有类

GPS 信号发生器的地球同步卫星(GEO)的导航电文)及卫星和接收机钟文件(用于存放卫星和接收机时钟信息)。前两类数据是进行数据处理时必需的,其他类型的数据在不同的数据处理时可适当选用。

RINEX 第二版中还有三个次生版本 Version 2. 10, Version 2. 11、Version 2. 20,其中 2. 20 为非官方版本:

(1)2. 10 版:除在采样率方面的微小变化外,把原始信号的波长作为新的观测量。

(2)2. 11 版:对于 L2C 伪距的码观测量用两个字符进行定义,并对 GEO 导航文件进行了一些修正。

(3)2. 20 版:非官方版本,主要用于 IGS(国际 GNSS 服务中心) LEO 试验工程中空基接收机轨道信息的转换。

3. RINEX 3. xx 文件格式

随着欧洲 GALILEO 计划的实施和 GPS 的现代化,需要一种富有弹性的、详细的、混合的数据格式文件。为了满足上述需求,RINEX3. 00 应运而生。由于 RINEX3. 00 中的 GPS 导航电文文件和 GLONASS 导航电文文件仍沿袭 RINEX2. 10 中的数据记录格式,而气象数据文件和 SBAS 导航电文文件与 RINEX2. 11 版本中的数据记录格式相同,所以相对于 RINEX2. 10 版,RINEX 3. 00 最大的区别主要表现在观测数据文件之中。RINEX 第三版的次生版本有 Version 3. 01、Version 3. 02。

RINEX 为纯 ASCII 码文本文件,RINEX 第 3 版文件名规定见图 3-2。

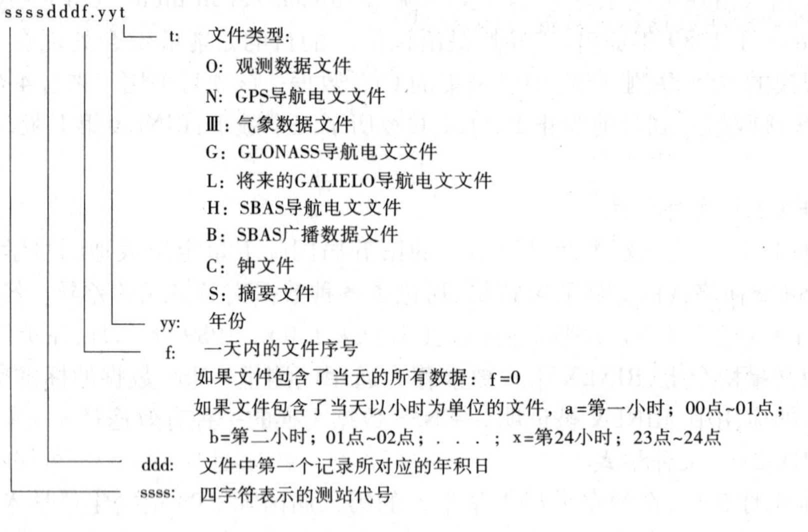

图 3-2　RINEX 第 3 版文件名命名方式

(三)数据格式转换

数据格式转换是将具有相同信息但存储格式不同的数据从原存储格式转换到目标存储格式的过程,实质是一些运算的集合,通过运算和解释将原数据转换成所要求的存储格式文件。

数据格式转换的方法包括直接法、中间法和标准数据格式转换法。直接法就是在原数据格式和目标数据格式之间直接进行转换。中间法是通过选定某一数据格式作为“桥梁”,

借助该“桥梁”将原数据格式文件转换为目标数据格式。标准数据格式转换就是通过选定某一普遍被大家接受的公开数据格式作为标准,将原数据格式转换为该标准数据格式。目前,GNSS 外业观测数据格式转换采用标准数据格式转换的方法,该标准数据格式就是上述介绍的 RINEX 数据格式。

GNSS 标准数据格式转换是将某一接收机测量的 GNSS 原始数据格式文件通过相应的软件转换为 RINEX 格式文件。这种软件常见的有 TEQC 软件、接收机厂商的专用软件、各种常见的接收机随机数据处理软件等。

【参考方案】

(1)数据存储。外业观测接收机存储采用的存储方式为:数据存储在机内存储介质上,不可插拔。

(2)数据传输。用专用电缆将接收机与计算机连接后,数据直接拷贝到计算机。

(3)数据格式。采用接收机对应的随机数据处理软件,直接读取传输后的观测数据到软件,无需转换到 RINEX 格式文件。

任务二　项目创建

【任务分析】

GNSS 外业观测数据经过数据传输、格式转换等步骤后,可选用一定的数据处理软件进行项目创建。本任务包含数据处理软件的选用和新建项目两部分内容,具体涉及静态数据处理软件选用、创建项目时的项目名、项目存储路径、控制网等级、坐标系统、投影设置、高程系统、大地水准面模型以及基线解算等方面的知识。

【知识学习】

一、静态数据处理软件选用

GNSS 静态数据处理是 GNSS 应用研究的一项重要内容。目前,根据数据处理软件的处理能力和处理基线长度的不同,可分为接收机随机附带软件(一般处理基线长度在几十千米以下,如天宝 TBC、徕卡 LGO、拓普康 Topcon Tools、南方 GPSADJ、中海达 HGO 等)和高精度数据处理软件(一般处理基线较长,可达上百千米,甚至上千千米,如 GAMIT/GLOBK、GIPSY、Bernese 软件等)两类。

国际上广泛使用的高精度 GNSS 静态相对定位软件有美国麻省理工学院(MIT)和加州大学圣地亚哥分校 Scripps 海洋研究所(SIO)研制的 GAMIT/GLOBK,美国喷气推进实验室(JPL)研制的 GIPSY/OASIS 软件和瑞士 BERNE 大学研制的 Bernese 软件。这类软件可用于板块运动监测及大范围会战联测、长基线和高精度的大型工程数据处理等方面。选用一款好的数据处理软件和处理方法对 GNSS 数据的处理结果影响很大。

对于基线长度在几十千米以下的静态数据处理,接收机随机附带软件已经能够满足该要求,可满足一般工程中的大多数应用需要。

二、坐标系统

GNSS 静态数据处理时，需在一定的坐标系统下进行数据处理，这类坐标系主要有 GNSS 导航星座定义的坐标系（如 GPS 卫星星座的 WGS84 坐标系、GLONASS 卫星星座的 PZ—90 坐标系等）和测绘项目所需的地方坐标系（如 1954 年北京坐标系、1980 西安坐标系或地方独立坐标系等）。

基线解算与三维自由网平差需在 GNSS 导航星座定义的坐标系下进行，如果观测数据是对 GPS 卫星的采集，那采用的坐标系为 WGS84 坐标系。二维网约束平差时，一般需要在地方坐标系下进行，如需要 1954 年北京坐标系下的成果，就应该定义 1954 年北京坐标系。因此，如果采集的观测数据是 GPS 卫星系统，而需要的成果是 1954 年北京坐标系，数据处理软件在创建项目时就需要定义 WGS84 坐标系和 1954 年北京坐标系。

坐标系统定义时需要定义椭球的几何参数、设置投影参数（投影方式、中央子午线、东加常数、北加常数、纬度原点、带宽、比例尺等）及大地水准面模型等内容。椭球几何参数：涉及椭球的长半轴和扁率。投影方式的选择：我国规定采用高斯 - 克吕格正形投影。带宽一般采用 3°带或 6°带。中央子午线的设置：随不同地区中央子午线不同。东、北加常数的设置：我国大部分位于北半球，为了使格网坐标为正，东加常数一般加 500 km，北加常数为 0 km。投影比例尺一般设置为 1。大地水准面模型通常是真实的大地水准面的近似。在精度方面，它们的变化相当大，特别是全球模型应该谨慎使用。如果不知道大地水准面模型的精度，较安全的方法是使用带正高的地方控制点并应用转换逼近地方大地水准面。

三、控制网等级

数据处理时，根据处理成果的要求和控制网的用途，需要选择设置控制网的等级。不同等级的 GNSS 控制网，数据处理时对基线处理精度要求、闭合环精度要求、网平差精度要求等均不同，所以建立项目时，要选择相应的控制网等级。GNSS 控制网等级分类参考《全球定位系统（GPS）测量规范》（GB/T 18314—2009）。

四、时区

时区（Time Zone）是地球上的区域使用同一个时间定义。1884 年在华盛顿召开国际经度会议时，为了克服时间上的混乱，规定将全球划分为 24 个时区。中国时区横跨东五区、东六区、东七区、东八区、东九区等五个地理时区，采用首都北京所在地东八区的时间为全国统一使用时间。协调世界时 UTC 与北京时间 BTS 相差 8 h。

【参考方案】

1. 静态数据处理软件选取

静态数据处理软件选用接收机随机软件。

2. 项目创建

项目创建相关设置内容如下：

（1）项目名：可用“控制网名称 + 坐标系”的方式命名。

（2）项目存储路径：选择项目的存储路径。

(3)坐标系统:CGCS2000,椭球参数长半轴为 6 378 137 m,扁率为 1/298.257 222 101。

(4)投影设置:选择投影类型(高斯投影),东加常数(500 000 m)、北加常数(0.00 m)、纬度原点(0°00′00″)、中央子午线(中央子午线经度 113°)、带宽(3°00′00″)、比例系数(1.0)等信息。

(5)时区:8 h,0 min。

项目二　基线解算

GNSS 基线向量表示了各测站间的一种位置关系,即测站与测站间的坐标增量。GNSS 基线向量与常规测量中的基线是有区别的,常规测量中的基线只有长度属性,而 GNSS 基线向量则具有长度、水平方位和垂直方位等三项属性。GNSS 基线向量是 GNSS 同步观测的直接结果,也是进行 GNSS 网平差获取最终点位的观测值。

本项目包含“任务一　基线解算基础理论”和“任务二　基线解算设置操作”两个内容。

任务一　基线解算基础理论

【任务分析】

基线解算一般采用差分观测值,较为常用的差分观测值为双差观测值,即由两个测站的原始观测值分别在测站和卫星间求差后所得到的观测值。

基线解算基础理论主要涉及基线解算过程、基线解算模式、基线解算质量控制等知识内容。

【知识学习】

一、基线解算过程

基线处理的过程是指按指定的数据类型录入 GNSS 外业观测数据后,软件会自动分析各点位采集到的数据的内在关系,并形成静态基线进行基线解算。过程一般可分为如下几部分。

(一)数据导入与编辑

在导入外业观测数据后,基线解算前,对照外业记录手簿,对观测数据进行必要的检查。检查的项目包括测站点名及点号、测站坐标、天线高、量取天线高的方式、接收机的型号、数据观测的开始、结束时间等信息。对这些项目检查的目的是避免外业操作的失误。

(二)基线解算控制参数设置

基线解算控制参数用来确定数据处理软件采用何种处理方法进行基线解算,可以实现基线的优化处理。基线解算参数设置主要包括采样间隔、截止高度角、参考卫星、模糊度解算方法、解算类型、观测值组合方案、电离层和对流层等模型设置以及解算模型的设置等参数。

(三)基线解算

基线解算一般是由数据处理软件自动完成的,无需人工过多的干预。基线解算具体过程一般包含以下几个步骤。

1. 基线解算自检

基线解算之前，软件会检查基线解算控制参数的设置、观测数据及星历文件、起算坐标等信息。

2. 读入星历数据

星历数据一般是广播星历，格式可以为 RINEX 格式，也可以是 SP3 格式的精密星历，还可以是接收机自己定义的专有数据格式，但需软件自身能够识读这种格式的数据。

3. 读入观测数据

读取外业观测数据时要读入起始站点和终站点的观测数据，其中还包括观测时记录的单点定位坐标、观测时刻、C/A 码伪距、载波相位等信息。若单点定位坐标不正确，则需要进行单点定位计算，以将起算坐标用于后续的解算，起算坐标也可由外部输入。在读入的同时，组成单差观测值，并寻找一个合适的参考卫星。

4. 三差解算

将双差观测值在历元间进行相减，组合成三差观测值，建立观测方程，进行解算，得到三差解。但对于短边，三差解的精度往往不高，通常三差解的目的在于得到比较近似的基线边，便于进行周跳修复。

5. 周跳修复

基线解算的关键在于正确地解算出整周模糊度，而正确求解整周模糊度的前提是接收机对载波相位的连续跟踪，但接收机不可能总是连续跟踪载波相位，会受到遮挡、干扰等，从而造成对载波相位的跟踪中断，造成历元之间载波相位观测值的周跳现象。因此，如何探测并修复周跳是基线处理要解决的主要问题之一。

6. 双差浮点解算

若共观测到 N 颗卫星的信号，则双差观测方程组将比三差观测方程组增加 $N-1$ 个未知数，双差解得到更进一步的未知点坐标和以浮点数表示的整周模糊度。理论上，整周模糊度应为整数，但由于其在解算时吸收了观测噪声以及其他未模型化的误差，因此通常只能得到一个浮点数。该浮点数往往与实际的整数有一定的偏差，有时偏差甚至达到几周。

7. 整周模糊度解算

一般来说，在足够长的同步观测时间和得到足够多的观测数据的情况下，仅靠取整也可以得到正确的整周模糊度，但采用快速求解整周模糊度 FARA 方法和 LAMBDA 方法，可以大大地缩短观测时间，提高工作效率。

8. 双差固定解算

在整周模糊度得到正确的固定后，进行双差固定解算，双差固定解的精度最高。但若整周模糊度不正确，双差固定解的精度当然也不正确。

（四）基线解算质量检验

基线解算完毕后，基线结果并不能马上用于后续的处理，还必须对基线的质量进行检验。只有质量合格的基线才能用于后续的处理，如果不合格，则需要对基线重新解算或重新测量。基线的质量检验需要通过 RATIO、RDOP、RMS、同步环闭和差、异步环闭和差和重复基线较差等进行检核。

二、基线解算模式

根据基线解算时所采用数学模型的不同，基线解算模式可分为单基线解模式、多基线解模式和整体解模式三种。

（一）单基线解模式

单基线解模式下，基线逐条进行解算，即在进行基线解算时，一次仅同时提取 2 台 GNSS 接收机的同步观测数据来解求它们之间的基线向量。当在该时段中有多台接收机进行了同步观测而需要解求多条基线时，这些基线是逐条在独立的解算过程中解求出来的。

单基线解模式的优点是模型简单，一次解求的参数较少，计算量小。但该模式也存在以下两个问题：

（1）解算结果无法反映同步观测基线间的统计相关性。由于基线是在不同解算过程中逐一解算的，因此无法给出同步观测基线之间的统计相关性，这将对网平差产生不利影响。

（2）无法充分利用观测数据之间的关联性。基线解算时，某些待定参数间是具有关联性的。例如，当在进行基线解算时，同时估计测站上的天顶方向的对流层延迟，一个测站在同一时间不同基线的解算过程中得出不同天顶对流层延迟结果。

虽然存在上述问题，但在大多数情况下，单基线解模式的解算结果仍能满足一般工程应用的要求。它是目前工程应用中最为普遍的基线解算模式，绝大多数商业软件采用这一模式进行基线解算。

（二）多基线解模式

多基线解模式下，基线逐时段进行解算，即在进行基线解算时，一次提取一个观测时段中所有进行同步观测的 n 台 GNSS 接收机所采集的同步观测数据，在一个单一解算过程中，共同解出所有 $n-1$ 条相互函数独立的基线。在每一个完整的多基线解中，包含了所解算出的 $n-1$ 条基线向量的结果。

由于多基线解模式是以时段为单位进行基线解算的，因而也被称为时段模式（Session Mode）。

与单基线解模式相比，多基线解模式的优点是数学模型严密，并能在结果中反映出同步观测基线之间的统计相关性。但其数学模型和解算过程都比较复杂，并且计算量也较大。

多基线解模式通常用于有高质量要求的应用，绝大多数科学研究应用软件在进行基线解算时，采用多基线解模式。

（三）整体解模式

整体解模式下，一次性解算出所有参与构网的相互函数独立的基线，即在进行基线解算时，一次提取项目整个观测过程中所有观测数据，在一个单一解算过程中同时对它们进行处理，得出所有函数独立基线。在每一个完整的整体解结果中，包含了整个 GNSS 网中所有相互函数独立的基线向量的结果。

除具有与多基线解一样的优点外，整体解模式还避免了同一基线的不同时段解不一致以及不同时段基线所组成闭合环的闭合差不为 0 的问题，是最为严密的基线解算方式。实际上，整体解模式是将基线解算与网平差融为了一体。

整体解模式是所有基线解算模式中最为复杂的一种，对计算机的存储能力和计算能力要求都非常高。因此，只有一些大型的高精度定位、定轨软件才采用这种模式进行数据处理。

三、基线解算质量控制

基线解算的过程一般是自动进行的，无需过多的人工干预。基线解算完毕后，基线结果并不能马上用于后续的处理，还必须对基线的质量进行检验，只有质量合格的基线才能用于后续的处理，如果不合格，则需要对基线进行重新解算或重新观测。

基线解算质量控制指标的类型大致可分为控制指标和参考指标两类。控制指标基于测量规范，实施时必须满足规范的要求。这类指标主要有数据剔除率、重复基线较差、同步环闭合差、独立（异步）环闭合差、网无约束平差基线向量改正数（残差）等。参考指标是基于数理统计学，不作为判断处理质量是否合格的依据，但是重要的参考依据。这类指标主要有单位权方差、观测值残差的 RMS、RATIO 值、RDOP 值等指标。

（一）控制指标

1. 数据剔除率

在基线解算时，如果观测值的改正数大于某一个阈值，则认为该观测值含有粗差，则需要将其删除。被删除观测值的数量与观测值的总数的比值，就是所谓的数据剔除率。

数据剔除率从某一方面反映出了 GNSS 原始观测值的质量。数据剔除率越高，说明观测值的质量越差。根据 GB/T 18314—2009 的要求，同一时段观测值的数据剔除率不易大于10%。

2. 重复基线较差

不同观测时段对同一条基线的观测结果，就是所谓重复基线。这些观测结果之间的差异就是重复基线较差。

根据 GB/T 18314—2009 的要求，进行 C、D、E 级 GNSS 基线处理及 B 级网基线预处理后，若某基线向量被多次重复观测，则复测基线的任意两个长度较差 d_s 应满足下式要求：

$$d_s \leqslant 2\sqrt{2}\sigma \tag{3-1}$$

式中　σ——基线测量中误差，mm。

3. 同步环闭合差

同步环闭合差是由同步观测基线所组成的闭合环的闭合差。同步观测基线间具有一定的内在联系，从而使得同步环闭合差在理论上应总是为零的，如果同步环闭合差超限，则说明组成同步环的基线中至少存在一条基线向量是错误的。但反过来，如果同步环闭合差没有超限，还不能说明组成同步环的所有基线在质量上均合格。

根据 GB/T 18314—2009 的要求，三边同步环中只有两个同步边的成果可视为独立的成果，第三边成果应为其余两边的代数和。由于模型误差和处理软件的内在缺陷，第三边处理结果与前两边的代数和常不为零，其差值应符合下述公式：

$$\left.\begin{aligned} W_X &\leqslant \frac{\sqrt{3}}{5}\sigma \\ W_Y &\leqslant \frac{\sqrt{3}}{5}\sigma \\ W_Z &\leqslant \frac{\sqrt{3}}{5}\sigma \end{aligned}\right\} \tag{3-2}$$

式中　σ——基线测量中误差,mm。

对于四站以上的同步观测时段,在处理完各边观测值后,应检查一切可能的三边环闭合差。

4. 异步环闭合差

定义:不是完全由同步观测基线所组成的闭合环称为异步环,异步环的闭合差称为异步环闭合差。

特点及作用:当异步环闭合差满足限差要求时,则表明组成异步环的基线向量的质量是合格的;当异步环闭合差不满足限差要求时,则表明组成异步环的基线向量中至少有一条基线向量的质量不合格。要确定出哪些基线向量的质量不合格,可以通过多个相邻的异步环或重复基线来进行。

根据 GB/T 18314—2009 的要求,B、C、D、E 级 GNSS 网外业基线处理结果,其独立闭合环或附合路线坐标闭合差和各坐标分量闭合差应满足下列公式:

$$\left.\begin{aligned} W_X &\leqslant 3\sqrt{n}\sigma \\ W_Y &\leqslant 3\sqrt{n}\sigma \\ W_Z &\leqslant 3\sqrt{n}\sigma \\ W_S &\leqslant 3\sqrt{3n}\sigma \end{aligned}\right\} \tag{3-3}$$

式中　W_S——环闭合差, $W_S = \sqrt{W_X{}^2 + W_Y^2 + W_Z^2}$;

n——闭合环边数;

σ——基线测量中误差,mm。

5. 网无约束平差基线向量残差

若无约束平差基线分量改正数超出限差要求,则认为所对应基线向量或其附近的基线向量可能存在质量问题。

无约束平差中,基线分量的改正数绝对值($V_{\Delta X}$、$V_{\Delta Y}$、$V_{\Delta Z}$)应满足如下条件:

$$\left.\begin{aligned} V_{\Delta X} &\leqslant 3\sigma \\ V_{\Delta Y} &\leqslant 3\sigma \\ V_{\Delta Z} &\leqslant 3\sigma \end{aligned}\right\} \tag{3-4}$$

否则,认为该基线或附近的基线存在粗差,应在平差中采用软件提供的自动方法或人工方法剔除,直至满足上式要求。

(二)参考指标

1. 单位权方差

单位权方差因子 $\hat{\sigma}_0$ 又称为参考因子,公式定义如下:

$$\hat{\sigma}_0 = \sqrt{\frac{V^{\mathrm{T}}PV}{n}} \tag{3-5}$$

式中　V——观测值的残差;

P——观测值的权;

n——观测值的总数。

2. 观测值残差 RMS

观测值残差 RMS 均方根误差定义公式为

$$RMS = \sqrt{\frac{V^{T}PV}{n-1}} \tag{3-6}$$

RMS 表明了观测值的质量，观测值质量越好，*RMS* 越小；反之，观测值质量越差，则越大，它不受观测条件（观测期间卫星分布图形）好坏的影响。依照数理统计的理论观测值误差落在 1.96 倍 *RMS* 的范围内的概率是 95%。

3. *RATIO* 值

$$RATIO = RMS_{次最小}/RMS_{最小} \tag{3-7}$$

显然，$RATIO \geqslant 1.0$，*RATIO* 反映了所确定出的整周未知数参数的可靠性，这一指标取决于多种因素，既与观测值的质量有关，也与观测条件的好坏有关。

4. *RDOP* 值

所谓 *RDOP* 值指的是在基线解算时待定参数协因数阵迹（$tr(Q)$）的平方根，即 $RDOP = (tr(Q))^{1/2}$，*RDOP* 值的大小与基线位置和卫星在空间的几何分布及运行轨迹（即观测条件）有关，当基线位置确定后，*RDOP* 值就只与观测条件有关了，而观测条件又是时间的函数，因此实际上对某条基线向量来讲，其 *RDOP* 值的大小与观测时间段有关。

【参考方案】

（1）基线解算过程：正确按照基线解算过程的操作步骤进行基线解算。

（2）基线解算模式：根据不同基线解算模式的特点，结合该工程的等级及用途，基线解算模式采用单基线解算模式。

（3）基线解算质量控制：基线解算质量控制的指标按照控制指标严格执行，并依据参考指标进行评价。

任务二　基线解算设置操作

【任务分析】

基线解算设置操作包含基线解算常用参数设置、基线解算操作等内容。主要讲述基线解算时常用参数的设置及注意事项、基线解算的操作步骤。

【知识学习】

一、基线解算常用参数设置

（一）历元间隔

历元间隔就是在基线处理时，软件从原始观测数据中抽取数据的间隔。如两台接收机在静态观测时，设置为 5 s 采集一组数据，但在内业处理时，这么高密度的观测数据通常并不能显著提高基线精度，反而会大大增加基线处理的时间。因此，为提高基线处理速度，可以适当增大数据处理的采样间隔。

通常，当短边且观测时间较短时，可适当缩小采样间隔（5 ~ 30 s）；而对于长边，可适当增大采样间隔(60 s或120 s)。内业数据处理历元间隔应是外业采样间隔的整数倍。

(二)卫星高度截止角

高度截止角用来限制高度比较低的卫星数据,使其不参与基线解算。大气层对高度比较低的卫星信号影响比较复杂,难以用模型改正。另外,高度比较低的信号容易受到多路径、电磁波等因素的影响,因此它们的信号质量通常也比较低,数据处理时,通常将它们剔除。

单从大气层折射的角度看,对于短距离的观测,可以降低高度截止角;而对于长距离观测,应该加大高度截止角,因为距离越短,大气折射影响越容易相互抵消。数据处理时,应根据卫星分布状况和测站点周围环境设置高度截止角(一般设置为15°)。

(三)卫星星历

一般工程控制网所采用的星历都是广播星历,对于定位精度要求高或是基线较长时的数据处理,可采用精密星历。

(四)电离层改正模型

静态定位中,若观测时间大于1 h,可选用计算模型,这样就可以模拟电离层的实际情况进行改正,提高基线解算精度。观测时间较短时,可选择标准模型。有些软件可以选择"自动",软件自动根据基线情况来选择改正模型。

(五)对流层改正模型

系统的缺省模型一般为霍普菲尔德模型,还可以选择其他模型或自己严密推导的专用模型。对于10 km以内的短基线,标准的气象模型与实测的气象数据进行改正的差值仅为几毫米。但对于长度较长、测站高差较大或气象观测值相差较大的基线,选择实测的气象数据进行改正,比较有利于对流层的改正。一般工程控制网选用默认的霍普菲尔德改正模型即可。

(六)基线解算类型

短基线的解算结果应以双差固定解为最优,当观测期间星座变化频繁、大气抖动严重或存在未修复的周跳等因素时,可直接指定解的类型为双差浮点解,或减小解算整周未知数基线的长度。

(七)双差固定解方差比(*RATIO*)

*RATIO*值为在采用搜索算法确定整周未知数参数的整数值时,产生次最小的单位权方差与最小的单位权方差的比值。*RATIO*值既与观测质量有关,又与观测条件有关,其值应不小于3。

(八)粗差容忍系数

数据处理过程中,常常要将一些不合格的数据当作粗差剔除。当观测值偏离模型值(粗差容忍系数×*RMS*)时,就认为这组观测值为粗差。

粗差容忍系数太大或者太小都会影响观测数据剔除的标准,一般设置为3.5。

(九)最小历元数

在观测过程中接收机必须观测到连续的载波相位,如果一段数据连续出现周跳,则这一段数据的质量一般是很差的,影响基线处理的质量,通常将其删除。在基线处理过程中,软件会将观测连续历元数不超过设置的最小历元数的数据剔除。

（十）最大历元数

最大历元数与软件在基线处理时分配的内存有关。一般采用默认值。

（十一）卫星的选择

基线处理时，观测时间短、周跳太多、多路径效应严重等导致某些卫星数据质量差，可以将这些卫星屏蔽，不参与基线解算。

（十二）无效历元的剔除

在某些情况下，如卫星的健康情况恶劣、测站环境不理想、受电磁波干扰会导致某些卫星数据信号经常失锁，又或者低仰角的卫星有时信号强度太弱、信噪比较低而导致信号失锁，以及信号在传输路径上受到较大的大气折射影响而导致整周模糊度搜索失败，对于经常失锁的卫星或者历元段过短的星历，需剔除。

二、基线解算

设置完解算参数后可进行基线解算，基线解算实际上是一个平差过程（见图 3-3）。平差所采用的观测值主要是卫星、测站之间的双差观测值。基线解算时的平差一般由数据处理软件自动完成，人为干预少，可简单地分为以下三个阶段。

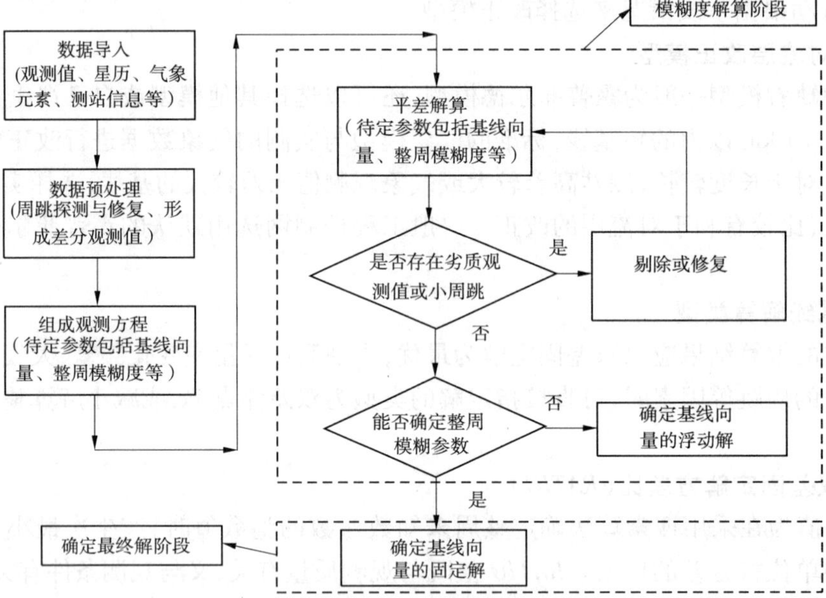

图 3-3　基线解算流程

（一）初始平差

根据双差观测方程，组成误差方程和法方程，求解待定的未知参数及精度信息，通过初始平差值，计算出整周未知数参数和基线向量的实数解或浮动解。

（二）整周未知数的确定

根据初始平差结果，使用搜索法将整周未知数固定成整数。

（三）确定基线向量的固定解

将确定了的整周未知数作为已知值，仅将待定点的坐标作为未知参数再次进行平差，解算出基线向量的整数解(固定解)。

三、GNSS 基线的精化处理

GNSS 在基线解算时往往不是解算一次就成功的,为了使基线解算成功,得到高质量的解算结果,需要判断影响基线解算结果的因素并采取相应的应对措施。

影响 GNSS 基线解算质量的因素较多也较为复杂,如卫星的周跳、星历误差、对流层及电离层影响、多路径误差、无线电干扰、不明因素影响及起算点误差过大等都会影响基线解算。准确判断影响 GNSS 基线解算结果的因素,并采取相应的措施能够提高基线解算结果的质量。

(一)影响 GNSS 基线解算结果因素的判别

1. 起点坐标不准的判别

对附加人为误差重新计算,考察其差异;选取不同的基线起点,用该点的伪距定位结果计算基线,比较互差。起点坐标不准的判别较困难,在实际工作中最好提高起点坐标的准确度。

2. 个别卫星观测时间短的判别

个别卫星观测时间短的判别非常容易,只要查看观测数据的记录文件对每颗卫星的观测数据的数量就可以了,或者查看一下卫星的可见性图就一目了然。

3. 周跳太多的判别

对于卫星观测值中某些时段周跳太多的情况判别,可以通过分析 *RATIO* 值较小,但 *PDOP* 值、*RDOP* 值也较小,说明可能存在周跳;从基线解算后所获得的观测值残差来分析,当在某测站对某卫星的观测值含有未修复的周跳时,与此相关的所有双差观测值的残差都会出现整倍数的增大。

4. 多路径效应严重的判别

考察周围条件(如测站周围是否有高建筑物或山坡、是否有大面积水域(海边、湖岸和江岸)),通过观测值的残差来分析,L1 波段双差解残差普遍较大,L2 波段半周跳很多。

5. 对流层和电离层折射影响的判别

同一基线重复观测,高差闭合差和异步环闭合差较大;双差观测值的残差明显大于正常观测值的残差。

(二)影响基线解算结果的应对措施

常见应对措施如下:

1. 基线起点坐标不准确的应对方法

要解决基线起点坐标不准确的问题,可以在基线解算时使用坐标准确度较高的点作为基线解算的起点,较为准确的起点坐标可以通过较长时间的单点定位或通过与 WGS84 坐标较准确的点联测得到;也可以在进行整网的基线解算时,采用所有基线起点的坐标均由一个点坐标衍生而来,使得基线结果均具有某一系统偏差,然后在 GNSS 网平差处理时,引入系统参数的方法加以解决。

2. 卫星观测时间短的应对方法

卫星整周模糊度难以确定的影响。由于个别或少数卫星观测时间太短,而导致这些卫星的整周模糊度难以准确确定。对于参与解算的卫星,其整周模糊度不能确定,必将给这一组同步观测的基线解算带来影响。对于卫星观测时间过短,是非常容易识别的,因观测时间短,则观测记录的数据量就会小。解算基线时观察卫星相位跟踪图,能直观地看到观测到的各颗卫星的出没时间。当基线无固定解时,在基线报告中可以看到各颗卫星的整周模糊度及其误差。若某颗卫星的观测时间太短,则可以删除该卫星的观测数据,不让它们参加基线解算,这样可以保证基线解算结果的质量。

3. 周跳太多的应对方法

若多颗卫星在相同的时间段内经常发生周跳,则可采用删除周跳严重时间段的方法,来尝试改善基线解算结果的质量;若只是个别卫星经常发生周跳,则可采用删除经常发生周跳卫星观测值的方法,来尝试改善基线解算结果的质量。

4. 多路径效应严重

由于多路径效应往往造成观测值残差较大,因此可以通过缩小编辑因子的方法来剔除残差较大的观测值;另外,也可以采用删除多路径效应严重的时间段或卫星的方法。

5. 对流层或电离层折射影响过大的应对方法

对于对流层或电离层折射影响过大的问题,可以采用下列方法:

(1)提高截止高度角,剔除易受对流层或电离层影响的低高度角观测数据。但这种方法具有一定的盲目性,因为高度角低的信号,不一定受对流层或电离层的影响就大。

(2)分别采用模型对对流层或电离层延迟进行改正。

(3)如果 GPS 观测值是双频观测值,则可以使用无电离层观测值(Iono - free)来进行基线解算。采用 Iono - free 观测值进行基线解算可以消除电离层折射的影响,但是 Iono - free 观测值的噪声比 L1 载波相位观测值的噪声要大。

【参考方案】

(1)基线解算参数设置。基线解算参数设置如下:单基线解模式、卫星高度截止角(15°)、历元间隔(30 s)、星历(广播星历)、电离层改正模型(自动)、对流层改正模型(霍普菲尔德)、基线解的类型(自动)、解算模糊度的基线长度(80 km)、单位权中误差(0.04)、双差固定解方差比(3)、粗差容忍系数(3.5)、最小历元数(10)、最大历元数(1999)、卫星的选择、无效历元的剔除等。

(2)基线解算。基线解算由软件自动完成,基本不需人工干预。

(3)GNSS 基线的精化处理。基线解算时,对影响基线解算的因素正确判断,并采用上述有效的措施加以应对。

项目三　网平差与高程拟合

GNSS 控制网是由相对定位所求得的基线向量而构成的空间基线向量网,在 GNSS 网的数据处理过程中,基线解算所得到的基线向量仅能确定 GNSS 网的几何形状,却无法提供最终确定网中点绝对坐标所必需的绝对位置基准。在 GNSS 网平差中,以基线向量及协方差为基本观测量,通过起算点坐标可以达到引入绝对基准的目的。通常采用三维无约束平差、三维约束平差及三维联合平差三种平差模型。各类型的平差具有各自不同的功能,必须分阶段采用不同类型的网平差方法。

GNSS 测定的高程是基于 GNSS 国际椭球的大地高,而工程中所需采用的高程一般是基于似大地水准面的正常高,所以 GNSS 技术所提供的高程还不能直接应用到工程实践,需要进行高程转换。GNSS 高程拟合是进行 GNSS 高程转换的常用方法。

任务一　网平差

【任务分析】

布设 GNSS 网时,首先需对构成 GNSS 网的基线进行观测,并利用所采集到的 GNSS 观测数据进行处理,通过基线解算,获得具有同步观测数据的测站间的基线向量。为了确定 GNSS 网中各个点在某一特定坐标系统下的绝对坐标,需要提供位置基准、方位基准和尺度基准,而一条 GNSS 基线向量只含有在 WGS84(如采用 GNSS 系统)下的水平方位、垂直方位和尺度信息,通过多条 GNSS 基线向量可以提供网的方位基准和尺度基准。由于 GNSS 基线向量中不含有确定网中各点绝对坐标的位置基准信息,因此仅凭基线向量所提供的基准信息,是无法确定出网中各点的绝对坐标的。而布设网的主要目的是确定网中各个点在某一特定局部坐标系下的坐标,这就需要从外部引入位置基准,这个外部基准通常是通过 1 个以上的起算点来提供的。网平差时可利用所引入的起算数据来计算出网中各点的坐标。当然,基线向量网的平差,除可以解算出待定点的坐标外,还可以发现和剔除基线向量观测值和地面观测中的粗差,消除各种类型的误差引起的矛盾,并评定观测成果的精度。

本任务主要讲述网平差的目的、类型、过程、数学模型等相关知识。

【知识学习】

一、网平差的目的

进行 GNSS 网平差的目的主要有三个:

(1)消除由观测量和已知条件中存在的误差所引起的 GNSS 网在几何上的不一致。由于观测值存在误差、数据处理中存在模型误差等,通过基线解算得到的基线向量必然存在误差。另外,起始数据也存在误差。这些误差使得 GNSS 网存在几何上的不一致,它们包括闭合环闭合差不为零;复测基线较差不为零;通过由基线向量所形成的导线,将坐标由一个已知点传算到另一个已知点的符合差不为零等。通过网平差,可以消除这些不一致。

(2)改善 GNSS 网的质量,评定 GNSS 网的精度。通过网平差,可得出一系列可用于评估 GNSS 网的精度指标,如观测值改正数、观测值验后方差、观测值单位权方差、相邻点距离中误差、点位中误差等。结合这些精度指标,还可以设法确定出可能存在粗差或质量不佳的观测值,并对它们进行相应的处理,从而达到改善网的质量的目的。

(3)确定 GNSS 网中点在指定参照系下的坐标以及其他所需参数的估值。网平差时,通过引入起算数据,如已知点位、边长、方向等,可最终获得在指定参考系下的坐标及其他参数。

二、网平差的类型

通常,无法通过某个单一类型的网平差过程来达到上述三个目的,而必须分阶段采用不同类型的网平差方法。

根据进行网平差时所采用的观测量和已知条件的类型及数量，可将网平差分为最小约束平差/自由网平差、约束平差和联合平差三种类型。

网的无约束平差指的是在平差时不引入会造成网产生由非观测量所引起的变形的外部起算数据。常见网的无约束平差，一般是在平差时没有起算数据或没有多余的起算数据。

网的约束平差指的是平差时所采用的观测值完全是 GNSS 观测值（即 GNSS 基线向量），而且在平差时引入了使 GNSS 网产生由非观测量所引起的变形的外部起算数据。

网的联合平差指的是平差时所采用的观测值除 GNSS 观测值外，还采用了地面常规观测值，这些地面常规观测值包括边长、方向、角度等。

这三种类型网平差除都能消除由于观测值和已知条件所引起的网在几何上的不一致外，还具有各自不同的功能。无约束平差能够被用来评定网的内符合精度和探测处理粗差，而约束平差和联合平差则能够确定点在指定参照系下的坐标。

根据进行平差时所采用坐标系的类型，GNSS 网平差还可以分为三维平差和二维平差。

三维平差是指平差在三维空间坐标系中进行，观测值为三维空间中的观测值，解算出的结果为点的三维空间坐标。GNSS 网的三维平差一般在三维空间直角坐标系或三维空间大地坐标系下进行。

二维平差是指平差在二维平面坐标系下进行，观测值为二维观测值，解算出的结果为点的二维平面坐标。二维平差一般适合于小范围 GNSS 网的平差。

三、网平差的过程

在使用数据处理软件进行 GNSS 网平差时，需要进行以下四个步骤：基线向量提取，三维无约束平差，约束平差/联合平差，质量分析与控制。

（一）基线向量提取

要进行 GNSS 网平差，首先必须提取基线向量，构建 GNSS 基线向量网。提取基线向量时，需要遵循以下几项原则：

（1）必须选取相互独立的基线，若选取了不相互独立的基线，则平差结果会与真实的情况不符合。

（2）所选取的基线应构成闭合的几何图形。

（3）选取质量好的基线向量，基线质量好坏可以依据 RMS、RDOP、Ratio、同步环闭合差、异步环闭合差及重复基线较差来判定。

（4）选取能构成边数较少的异步环的基线向量。

（5）选取边长较短的基线向量。

基线向量的提取一般由软件自动完成。

（二）三维无约束平差

GNSS 网的最小约束平差/自由网平差中所采用的观测量完全为 GNSS 基线向量，平差通常在与基线向量相同的地心地固坐标系下进行。在平差进行过程中，最小约束平差除引入一个提供位置基准信息的起算点坐标外，不再引入其他的外部起算数据，而自由网平差则不引入任何外部起算数据。它们之间的一个共性就是都不引入会使 GNSS 网的尺度和方位发生变化的起算数据，而这些起算数据将影响网的几何形状，因而有时又将这两种类型的平差统称为无约束平差。

GNSS 网无约束平差结果质量的优劣，以及在平差过程中所反映出的观测值间几何不一致性的大小，都是观测值本身质量的真实反映，无约束平差主要达到以下两个目的：①根据无约束平差的结果，判断所构成的 GNSS 网中是否有粗差基线。如发现含有粗差的基线，则需要进行相应的处理，必须使得最后用于构网的所有基线向量均满足质量要求。②调整各基线向量观测值的权，使它们相互匹配。

无约束平差的流程如下：

(1)选取作为网平差时的观测值的基线向量。

(2)利用所选取的基线向量的估值，形成平差的函数模型，其中，观测值为基线向量，待定参数主要为 GNSS 网中点的坐标；同时，利用基线解算时随基线向量估值一同输出的基线向量的方差－协方差阵，形成平差的随机模型。最终形成网平差完整的数学模型。

(3)对所形成的数学模型进行求解，得出待定参数的估值和观测值等的平差值、观测值的改正数以及相应的精度统计信息。

(4)根据平差结果来确定观测值中是否存在粗差，数学模型是否需要改进。若存在问题，则采用相应的方法进行处理(如对于粗差基线，可以通过将其剔除，或调整观测值权阵的方式来处理)，并重新进行求解。

(5)若在观测值和数学模型中未发现问题，则输出最终结果。

(三)约束平差/联合平差

1.约束平差

GNSS 网的约束平差中所采用的观测量也完全为 GNSS 基线向量，但与无约束平差不同的是，在平差进行过程中，引入了会使 GNSS 网尺度和方位发生变化的外部起算数据。只要在网平差中引入了边长、方向或两个以上的起算点坐标，就可能会使 GNSS 网的尺度和方位发生变化。GNSS 网的约束平差常被用于实现 GNSS 成果由基线解算时所用 GNSS 卫星星历所采用的坐标系到特定坐标系的转换。

2.联合平差

在进行 GNSS 网平差时，如果采用的观测值不仅包括 GNSS 基线向量，而且包含边长、角度、方向和高差等地面常规观测量，这种平差被称为联合平差。联合平差的作用大体上与约束平差相同，也是用于实现 GNSS 成果由基线解算时所用 GNSS 卫星星历所采用的坐标系到特定坐标系的转换，不过在大地测量应用中通常采用约束平差，而联合平差则通常出现在工程应用中。

1)具体步骤

约束平差或联合平差可根据需要在三维空间或二维空间中进行。约束平差的具体步骤是：

(1)指定进行平差的基准和坐标系统。

(2)指定起算数据。

(3)检验约束条件的质量。

(4)进行平差解算。

2)平差流程

约束平差或联合平差可根据需要在三维或二维空间中进行，平差流程如下：

(1)利用最终参与无约束平差的基线向量形成观测方程,观测值的权阵采用在无约束平差中经过调整(如果调整过)最终确定的观测值权阵。

(2)利用已知点、已知边长和已知方位等信息,形成限制条件方程。

(3)对所形成的数学模型进行求解,得出待定参数的估值和观测值等的平差值、观测值的改正数以及相应的精度统计信息。

(四)质量分析与控制

在进行 GNSS 网质量的评定时,可以采用下面的指标。

1. 基线向量的改正数

根据基线向量改正数的大小,可以判断出基线向量中是否含有粗差。

2. 相邻点的中误差和相对中误差

若在进行质量评定时发现有质量问题,则需要根据具体情况进行处理。如果发现构成 GNSS 网的基线中含有粗差,则需要采用删除含有粗差的基线、重新对含有粗差的基线进行解算或重测含有粗差的基线等方法加以解决;如果发现个别起算数据有质量问题,则应该放弃有质量问题的起算数据。

四、网平差的数学模型

(一)三维无约束网平差原理

GNSS 网的三维无约束平差是指平差在三维空间直角坐标系下进行,平差时不引入使 GNSS 网产生由非观测量所引起变形的外部约束条件。具体地说,就是在进行平差时,所采用的起算条件不超过 3 个。对于 GNSS 网来说,在进行三维平差时,其必要的起算条件的数量为 3 个,这 3 个起算条件既可以是一个起算点的三维坐标向量,也可以是其他的起算条件。

三维无约束平差中所采用的观测值为基线向量,即 GNSS 基线的起点到终点的坐标差,设 $l_{ij}=[\Delta X_{ij},\Delta Y_{ij},\Delta Z_{ij}]$ 为 GNSS 网任一基线向量,因此对于每一条基线向量,都可以列出如下的一组观测方程:

$$\begin{bmatrix} v_{\Delta X} \\ v_{\Delta Y} \\ v_{\Delta Z} \end{bmatrix} = \begin{bmatrix} -1 & 0 & 0 \\ 0 & -1 & 0 \\ 0 & 0 & -1 \end{bmatrix} \begin{bmatrix} \mathrm{d}X_i \\ \mathrm{d}Y_i \\ \mathrm{d}Z_i \end{bmatrix} + \begin{bmatrix} 1 & 0 & 0 \\ 0 & 1 & 0 \\ 0 & 0 & 1 \end{bmatrix} \begin{bmatrix} \mathrm{d}X_j \\ \mathrm{d}Y_j \\ \mathrm{d}Z_j \end{bmatrix} - \begin{bmatrix} \Delta X_{ij} - X_i^0 + X_j^0 \\ \Delta Y_{ij} - Y_i^0 + Y_j^0 \\ \Delta Z_{ij} - Z_i^0 + Z_j^0 \end{bmatrix} \tag{3-8}$$

与此相对应的方差-协方差阵、协因数阵和权阵如下:

方差-协方差阵为

$$D_{ij} = \begin{bmatrix} \sigma_{\Delta X}^2 & \sigma_{\Delta X\Delta Y} & \sigma_{\Delta X\Delta Z} \\ \sigma_{\Delta Y\Delta X} & \sigma_{\Delta Y}^2 & \sigma_{\Delta Y\Delta Z} \\ \sigma_{\Delta Z\Delta X} & \sigma_{\Delta Z\Delta Y} & \sigma_{\Delta Z}^2 \end{bmatrix} \tag{3-9}$$

协因数阵为

$$Q_{ij} = \frac{1}{\sigma_0^2} D_{ij} \tag{3-10}$$

权阵为

$$P_{ij} = D_{ij}^{-1} \tag{3-11}$$

式中　σ_0——先验的单位权中误差。

平差所用的观测方程就是通过上面的方法列出的,但为了使平差进行下去,还必须引入位置基准。引入位置基准的方法一般有两种:第一种是以GNSS网中一个点的坐标作为起算的位置基准,即可有一个基准方程:

$$\begin{bmatrix} dX_i \\ dY_i \\ dZ_i \end{bmatrix} = \begin{bmatrix} X_i^0 \\ Y_i^0 \\ Z_i^0 \end{bmatrix} - \begin{bmatrix} X_i \\ Y_i \\ Z_i \end{bmatrix} = 0 \tag{3-12}$$

第二种是采用秩亏自由网基准,引入下面的基准方程:

$$G^{\mathrm{T}} dB = 0 \tag{3-13}$$

$$G^{\mathrm{T}} = \begin{bmatrix} 1 & 0 & 0 & \cdots & 1 & 0 & 0 \\ 0 & 1 & 0 & \cdots & 0 & 1 & 0 \\ 0 & 0 & 1 & \cdots & 0 & 0 & 1 \end{bmatrix} = [E \quad E \quad E \quad \cdots \quad E] \tag{3-14}$$

$$\begin{aligned} dB &= [db_1 \quad db_2 \quad db_3 \quad \cdots \quad db_n]^{\mathrm{T}} \\ &= [dX_1 \quad dY_1 \quad dZ_1 \quad \cdots \quad dX_n \quad dY_n \quad dZ_n]^{\mathrm{T}} \end{aligned} \tag{3-15}$$

根据上面的观测方程和基准方程,按照最小二乘原理进行平差解算,得到平差结果。

待定点坐标参数为

$$\begin{bmatrix} \hat{X}_1 \\ \hat{Y}_1 \\ \hat{Z}_1 \\ \cdots \\ \hat{X}_n \\ \hat{Y}_n \\ \hat{Z}_n \end{bmatrix} = \begin{bmatrix} X_1^0 \\ Y_1^0 \\ Z_1^0 \\ \cdots \\ X_n^0 \\ Y_n^0 \\ Z_n^0 \end{bmatrix} + \begin{bmatrix} d\hat{X}_1 \\ d\hat{Y}_1 \\ d\hat{Z}_1 \\ \cdots \\ d\hat{X}_n \\ d\hat{Y}_n \\ d\hat{Z}_n \end{bmatrix} \tag{3-16}$$

单位权中误差为

$$\hat{\sigma}_0 = \sqrt{\frac{V^{\mathrm{T}}PV}{3n - 3p + 3}} \tag{3-17}$$

式中　n——组成GNSS网的基线数;

p——基线数。

坐标未知数的方差估计值为

$$D = \sigma_0^2 N^{-1} \tag{3-18}$$

这里 $N = A^{\mathrm{T}}A$ 为网的法方程系数阵。

由此可以通过改正数检验了解网自身的内符合精度,观察网中是否可能存在粗差和系统误差。

(二)二维约束网平差原理

GNSS基线向量观测方程必须顾及GNSS坐标系(如WGS84坐标系)与国家大地坐标系间的转换参数,即应顾及7个转换参数。但由于观测量——基线向量是以三维坐标差的形式表示的,因而转换关系与平移参数无关,7 个参数中只需考虑尺度参数 m 和 3 个旋转参数 ε_x、ε_y、ε_z,两坐标系的坐标差转换模型为

$$\begin{bmatrix} \Delta X_{ij} \\ \Delta Y_{ij} \\ \Delta Z_{ij} \end{bmatrix}_S = (1 + m) \begin{bmatrix} \Delta X_{ij} \\ \Delta Y_{ij} \\ \Delta Z_{ij} \end{bmatrix}_T + R_{ij} \begin{bmatrix} \varepsilon_x \\ \varepsilon_y \\ \varepsilon_z \end{bmatrix} \tag{3-19}$$

$$R_{ij} = \begin{bmatrix} 0 & -\Delta Z_{ij} & \Delta Y_{ij} \\ \Delta Z_{ij} & 0 & -\Delta X_{ij} \\ -\Delta Y_{ij} & \Delta X_{ij} & 0 \end{bmatrix}$$

由式(3-8)可得在考虑转换参数后的 GNSS 基线向量观测方程为

$$\begin{bmatrix} v_{\Delta X_{ij}} \\ v_{\Delta Y_{ij}} \\ v_{\Delta Z_{ij}} \end{bmatrix} = -\begin{bmatrix} \mathrm{d}X_i \\ \mathrm{d}Y_i \\ \mathrm{d}Z_i \end{bmatrix} + \begin{bmatrix} \mathrm{d}X_j \\ \mathrm{d}Y_j \\ \mathrm{d}Z_j \end{bmatrix} + \begin{bmatrix} \Delta X_{ij} \\ \Delta Y_{ij} \\ \Delta Z_{ij} \end{bmatrix} m + R_{ij} \begin{bmatrix} \varepsilon_x \\ \varepsilon_y \\ \varepsilon_z \end{bmatrix} - \begin{bmatrix} L_{\Delta X_{ij}} \\ L_{\Delta Y_{ij}} \\ L_{\Delta Z_{ij}} \end{bmatrix} \tag{3-20}$$

$$\begin{bmatrix} L_{\Delta X_{ij}} \\ L_{\Delta Y_{ij}} \\ L_{\Delta Z_{ij}} \end{bmatrix} = \begin{bmatrix} X_j^0 - \Delta X_{ij} - X_i^0 \\ Y_j^0 - \Delta Y_{ij} - Y_i^0 \\ Z_j^0 - \Delta Z_{ij} - Z_i^0 \end{bmatrix}$$

GNSS 网三维约束平差即为附有约束条件的间接平差,其误差方程为基线向量的观测方程,对于已知地面坐标点 k,其坐标约束条件为

$$\begin{bmatrix} \mathrm{d}X_k \\ \mathrm{d}Y_k \\ \mathrm{d}Z_k \end{bmatrix} = \begin{bmatrix} 0 \\ 0 \\ 0 \end{bmatrix} \tag{3-21}$$

【参考方案】

依据网平差的相关知识理论,严格按照网平差的过程——基线向量提取、三维无约束平差、二维约束平差进行。

基线向量检核符合要求后,以一个点的 WGS－84 系三维坐标作为起算依据,进行网的三维无约束平差。无约束平差应输出 CGCS2000 国家大地坐标系中各点的三维坐标、各基线向量及其改正数和其精度。

三维无约束平差后,采用 4 个已知 C 级 CGCS2000 坐标系中 GNSS 点进行约束平差。平差时,对已知点坐标进行强制约束。平差结果应包括相应坐标系中的三维或二维坐标、点位中误差、转换参数及精度等信息。

任务二　高程拟合

【任务分析】

GNSS 高程拟合的思路为:在 GNSS 控制网中用水准测量或三角高程测量的方法联测网中若干 GNSS 点的正常高(联测点称为公共点),根据各公共点的大地高和正常高求得它们

的高程异常值,然后由公共点的平面坐标和高程异常采用数值拟合计算方法,拟合出区域似大地水准面,即可求出各点的高程异常值,并由此求出各 GNSS 点的正常高。

本任务主要讲述 GNSS 高程拟合方法、高程拟合方法的选择、拟合精度的评定等知识内容。

【知识学习】

一、高程拟合方法

GNSS 高程测量按作业过程分为高程异常模型的建立、GNSS 测量和高程计算三部分。高程异常模型可利用已有模型或根据需要单独获取。

常用高程拟合方法主要有均值拟合法、平面拟合法和二次曲面拟合法。

(一)均值拟合法

在高程异常变化缓慢的小测区,用有限个(2 ~ 3 个)点的高程异常值的平均值代替测区内各点的高程异常值。该方法精度较低,一般只能在不大于 50 km^2 的平原或浅丘地区才能使用。

(二)平面拟合法

平面拟合模型为

$$\xi = a_0 + a_1 x + a_2 y + \delta \tag{3-22}$$

式中　ξ——高程异常;

a_i——拟合系数;

δ——误差 。

应用时需要至少 4 个水准重合点求待定参数来确定高程异常 ξ。

当已知点个数大于参数个数,根据最小二乘原理求出拟合系数 a_i,进而可求出测区内任意点的高程异常值。平面拟合一般只适用于似大地水准面近似于平面的区域,如较小范围的平坦或低丘地。

(三)二次曲面拟合法

大部分 GNSS 平差软件都用二次曲面拟合模型进行 GNSS 高程拟合,其数学模型为

$$\xi = a_0 + a_1 x + a_2 y + a_3 x^2 + a_4 y^2 + a_5 xy + \delta \tag{3-23}$$

应用时需要至少 6 个水准重合点求待定参数来确定高程异常 ξ。二次曲面拟合适用于似大地水准面近似于“抛物单曲面”的区域,当似大地水准面存在两个以上凹凸面时,可采用二次多项式进行分区拟合。

三次曲面拟合则具有较好的通用性,但由于其计算过程相对复杂,因此在精度要求不高的情况下,一般不采用这种方法。

二、高程拟合方法的选择

高程拟合法除上述几种外,还有很多种方法,比如多面函数曲面拟合、线性移动拟合法、加权均值拟合法等。没有一种拟合方法能够适合所有地形,应根据区域的特征来选择。若已知点布设合理、精度满足、拟合方法选择恰当,高程拟合的精度一般可以达到四等几何水准的精度。

三、拟合精度评定

GNSS 拟合高程精度一般采用的计算方法是：计算拟合点的拟合中误差，分析 GNSS 拟合高程的内符合精度；联测若干 GNSS 网点的几何水准高程，计算检核点的拟合中误差，分析 GNSS 拟合高程的外符合精度；将检查点的高程异常与拟合的高程异常之差同相应等级的水准测量限差进行比较，分析 GNSS 拟合高程所能达到的精度。

（1）内符合精度：

$$m_{内} = \pm\sqrt{\frac{[\varepsilon_i\varepsilon_i]}{n}} \quad (i = 1,2,3,\cdots,n) \tag{3-24}$$

式中　ε_i——已知点高程异常值 ξ_i 与拟合后得到的高程异常值 ξ_i' 之差，$\varepsilon_i = \xi_i' - \xi_i$；

n——参与计算的已知点个数。

（2）外符合精度：

$$m_{外} = \pm\sqrt{\frac{[\varepsilon_j\varepsilon_j]}{m}} \quad (i = 1,2,3,\cdots,m) \tag{3-25}$$

式中　ε_j——检核点高程异常值 ξ_j 与拟合后得到的高程异常值 ξ_j' 之差，$\varepsilon_j = \xi_j' - \xi_j$；

m——参与计算的检核点个数。

对于四等水准：

$$\varepsilon_{限} = \pm 20\sqrt{L} \tag{3-26}$$

式中　L——检核点到最近拟合点的距离，km。

将 ε_j 的值与 $\varepsilon_{限}$ 进行比较即可判断出每个检核点的 ε_j 是否超限。

【参考方案】

（1）基本思路：在 GNSS 控制网中用水准测量或三角高程测量的方法联测网中若干 GNSS 点的正常高（联测点称为公共点），根据各公共点的大地高和正常高求得它们的高程异常值，然后由公共点的平面坐标和高程异常采用数值拟合计算方法，拟合出区域似大地水准面，即可求出各点的高程异常值，并由此求出各 GNSS 点的正常高。

（2）实施方案：拟合方法采用曲面拟合，联测 7 个分布均匀的水准点。拟合后进行内符合精度检查，2 个水准点作为外符合精度检核。

案例四　坐标转换与投影换带

一、题目

××高速公路 1954 年北京坐标系到 CGCS2000 坐标系的转换及投影换带。

二、概述

××地区根据国民经济发展的需要，在该地区规划建设一条贯穿东西的高速公路，高速公路测量采用 CGCS2000 坐标系，前期已测绘了大量的成果资料。

该高速公路部分路段通过××县，通过××县的路段该县国土局已测绘了相关的成果资料，经检验，成果资料满足高速公路任务需求，可以加以利用，所属成果为 1954 年北京坐标系。为了使测绘资料成果充分共享、利用、节约成本，现须将北京 54 坐标系测绘的成果统一到国家 2000 坐标系中。

该路段原有 1954 年北京坐标点位 N 个 $(x、y)_{BJ54}$，分布在相邻投影带边缘，并横跨两个投影带。高精度 D 级控制点 K 个 $(x、y)_{CGCS2000}$，中央子午线 L_0，利用 GNSS 联测技术，完成 N 个 1954 年北京坐标系点位到 CGCS2000 坐标系的转换。

高速公路施工测量中，在相邻带边缘测量时，需用到相邻带的坐标成果，因此需将一个带的坐标换算到相邻带中，即需将 CGCS2000 坐标系中 3°带坐标（中央子午线 113°）换算到相邻 3°带坐标（中央子午线 114°）。

三、目标

（1）WGS84 坐标系到 CGCS2000 坐标系的转换。

（2）1954 年北京坐标系到 WGS84 坐标系的转换。

（3）坐标转换精度评定。

（4）完成同一分带下相邻带间的坐标转换。

四、依据

（1）测量任务书或合同。

（2）《全球定位系统（GPS）测量规范》（GB/T 18314—2009）。

（3）《2000 国家大地坐标系推广使用技术指南》，国家测绘地理信息局，2013 年。

（4）《大地测量控制点坐标转换技术规程》，国家测绘地理信息局，2013 年。

（5）《现有测绘成果转换到 2000 国家大地坐标系技术指南》，国家测绘地理信息局，2013 年。

（6）《测绘成果质量检查与验收规定》（GB/T 24356—2009）。

（7）本项目技术设计书和有关的补充文件。

五、条件

(一)已有资料

(1)1954 年北京坐标系点位 N 个$(x,y)_{BJ54}$,分布在相邻投影带中,中央子午线分别为 L_1、L_0。

(2)高精度国家 2000 坐标系 D 级控制点 M 个$(x,y)_{CGCS2000}$,中央子午线 L_0。

(二)测量人员

(1)作业单位具备乙级或以上(含乙级)资质,具有高级工程师××人、工程师××人、技术员××人和高、中、初级职业资格人员若干人。

(2)项目安排负责人 1 人,数据处理 2 人、质检负责人 1 人。

(三)设备及软件

(1)转换软件:相关坐标转换软件,如 Coord GM 软件。

(2)计算机:1 台。

六、要求

(一)坐标转换基准

将 1954 年北京坐标系点位,利用 GNSS 联测技术转换到 CGCS2000 坐标系。

(二) 坐标转换方法及精度

(1)坐标转换方法应满足《2000 国家大地坐标系推广使用技术指南》《大地测量控制点坐标转换技术规程》《现有测绘成果转换到 2000 国家大地坐标系技术指南》的要求。

(2)精度评定方法与质量控制应满足《大地测量控制点坐标转换技术规程》与《测绘成果质量检查与验收规定》(GB/T 24356—2009)的相关要求,采用内符合精度和外符合精度进行评价。

(三)坐标的换带计算

(1)坐标换带软件应采用成熟可靠的软件进行。

(2)坐标换带计算后,应分析坐标的投影换带带来的距离、方向变化对线路工程的影响。

项目一　坐标转换

生产实践中,一个项目采用的坐标系统往往不止一个,多个坐标系统的并存使得在测量时需要进行它们之间的转换,因此坐标转换是生产实践中经常遇到的问题。在转换时,利用一定数量的重合点,采用适当的模型,通过求解模型参数完成点位的转换。

本项目坐标转换主要包含以下两个任务:坐标转换方法、坐标转换步骤与精度评定。

任务一　坐标转换方法

【任务分析】

坐标转换是测绘工作中经常遇到的问题之一,进行坐标转换会涉及以下几个方面的问题:坐标转换的定义、分类、推导公式、原理、方法、转换模型、模型特点、模型的适用性,以及坐标转换的步骤及精度评定等问题。

本任务主要介绍坐标转换的定义、分类、推导公式、原理、方法、转换模型、模型特点及适用性。

【知识学习】

一、坐标转换定义及分类

坐标转换(coordinate transformation):包含坐标系变换(同一基准下不同坐标形式的转换)和椭球基准变换(不同基准间的坐标系转换)两层含义。它指在测量数据处理过程中,采用适用的转换模型和转换方法,空间点从某一参考椭球基准下的坐标转换到另一坐标系统下的坐标。坐标转换过程就是转换参数的求解过程。

同一基准下不同坐标形式的转换包含空间直角坐标(X,Y,Z)与大地坐标(B,L,H)的转换、大地坐标(B,L)与高斯平面直角坐标(x,y)间的转换(高斯投影坐标正反算)及空间直角坐标系与站心坐标系间的转换。

不同基准间的坐标转换包含不同空间直角坐标系的转换、不同大地坐标系的转换。不同空间坐标系的转换包含不同参心空间直角坐标系的转换、参心空间直角坐标系的转换和地心空间直角坐标系的转换。不同大地坐标系的转换包含不同参心大地坐标系的转换、参心大地坐标系的转换和地心大地坐标系的转换。

二、坐标系变换

同一椭球基准下,空间点的不同坐标表示形式间进行变换。空间直角坐标(X,Y,Z)与大地坐标(B,L,H)的相互转换公式见模块五知识点一中式(5-1)与式(5-2)。

高斯投影坐标的正反计算公式见本案例项目二。坐标转换中坐标系的变换相对比较简单,下面主要讲述不同坐标系间的转换(椭球变换)。

三、坐标转换原理

不同坐标系之间的坐标转换主要是根据同时拥有两种坐标系坐标的大地点(简称“重合点”),选择适当(具有一定密度且分布均匀)的重合点,利用所选重合点不同坐标系中的两套坐标,采用适当的坐标转换模型和方法计算两坐标系之间的坐标转换参数,再将坐标转换参数代回模型计算其他非重合点在目标坐标系中的坐标,并对坐标转换进行精度评定。

四、坐标转换方法

坐标转换通常有以下两种方法。

(一)整体转换法

以转换区域内所有的重合点为研究对象,从中选出若干个转换点参与转换,并采用适当的转换方法计算两个坐标系统的转换参数,整个转换区域计算一套转换参数,进而获得点转换后的坐标。这种方法的优点是精度高、连续(无缝)、不受区域与比例尺的限制。

（二）分区转换法

将整个转换区域划分成若干个分区，分别对各分区计算转换参数。在计算各分区转换参数时，为了保持各分区在接边处转换参数的连续性，需要各分区之间相互重叠一部分重合点并重复使用以求取转换参数。分区坐标转换的优点是各个分区计算简单，易于实现。缺点是工序复杂、需分区计算；精度无法随着控制点的增多而及时提高；各分区间转换参数不一样，需接边处理。

五、坐标转换模型

不同坐标系之间的坐标转换通常有两类转换模式：一类是二维坐标转换模式，另一类是三维坐标转换模式。

二维坐标转换模式需要两坐标系的二维坐标成果高斯平面直角坐标(x,y)或大地经纬度(L,B)。

三维坐标转换模式需要两坐标系的三维坐标成果空间直角坐标(X,Y,Z)或大地经纬度与大地高(B,L,H)。

当用于计算转换参数的重合点不存在系统误差或系统误差较小时，二维坐标转换模式通常有平面四参数转换模型、二维七参数转换模型；三维坐标转换模式通常有 bursa 七参数转换模型、三维七参数转换模型、三维四参数转换模型。当用于计算转换参数的重合点存在系统误差且系统误差较复杂时，还可以采用多项式逼近模型，通常有三维多项式转换模型、二维椭球面转换模型与二维平面转换模型。

（一）布尔莎模型

用于不同地球椭球基准下的空间直角坐标系间的点位坐标转换。涉及 7 个参数，即 3 个平移参数、3 个旋转参数和 1 个尺度变化参数。图 4-1 为 WGS84 坐标系向 1954 年北京坐标系或 1980 西安坐标系的坐标转换。

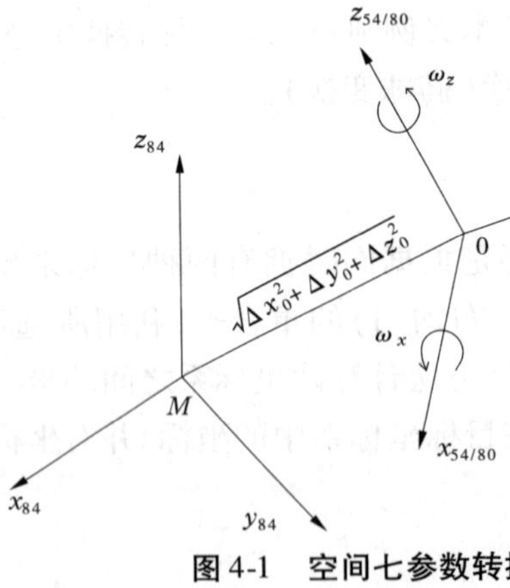

图 4-1　空间七参数转换

WGS84 坐标系的坐标原点为地球质量中心，而 1954 年北京坐标系和 1980 西安坐标系的坐标原点是参考椭球中心。所以在两个坐标系之间进行转换时，应进行坐标系的平移，平移量可分解为 Δx_0、Δy_0 和 Δz_0。又因为 WGS84 坐标系的三个坐标轴方向也与 1954 年北京坐标系或 1980 西安坐标系的坐标轴方向不同，所以还需将 1954 年北京坐标系或 1980 西安坐标系分别绕 x 轴、y 轴和 z 轴旋转 ω_x、ω_y、ω_z。此外，两坐标系的尺度也不相同，还需进行尺度转换。

两坐标系间转换的公式如下：

$$\begin{pmatrix} x \\ y \\ z \end{pmatrix}_{84} = \begin{pmatrix} \Delta x_0 \\ \Delta y_0 \\ \Delta z_0 \end{pmatrix} + (1+m) \begin{pmatrix} 1 & \omega_z & -\omega_y \\ -\omega_z & 1 & \omega_x \\ \omega_y & -\omega_x & 1 \end{pmatrix} \begin{pmatrix} x \\ y \\ z \end{pmatrix}_{54/80} \tag{4-1}$$

式中　m——尺度比因子。

要在两个空间直角坐标系之间转换，需要知道 3 个平移参数($\Delta x_0, \Delta y_0, \Delta z_0$)，3 个旋转参数($\omega_x, \omega_y, \omega_z$)以及尺度比因子 m。为求得 7 个转换参数，在两个坐标系中至少应有 3 个公共点，即已知 3 个点在 WGS84 中的坐标和在 1954 年北京坐标系或 1980 西安坐标系中的坐标。

(二)三维七参数转换模型

用于不同地球椭球基准下的大地坐标系间的点位坐标转换，涉及 3 个平移参数、3 个旋转参数和 1 个尺度变化参数，同时需顾及两种大地坐标系所对应的两个地球椭球长半轴和扁率差。

$$\begin{bmatrix} \Delta L \\ \Delta B \\ \Delta H \end{bmatrix} = \begin{bmatrix} -\dfrac{\sin L}{(N+H)\cos B}\rho'' & \dfrac{\cos L}{(N+H)\cos B}\rho'' & 0 \\ -\dfrac{\sin B\cos L}{(M+H)}\rho'' & -\dfrac{\sin B\sin L}{(M+H)}\rho'' & \dfrac{\cos B}{(M+H)}\rho'' \\ \cos B\cos L & \sin B\sin L & \sin B \end{bmatrix} \begin{bmatrix} T_x \\ T_y \\ T_z \end{bmatrix} +$$

$$\begin{bmatrix} \dfrac{N(1-e^2)+H}{N+H}\tan B\cos L & \dfrac{N(1-e^2)+H}{N+H}\tan B\sin L & -1 \\ -\dfrac{(N+H)-Ne^2\sin^2 B}{M+H}\sin L & \dfrac{(N+H)-Ne^2\sin^2 B}{M+H}\cos L & 0 \\ -Ne^2\sin B\cos B\sin L/\rho'' & Ne^2\sin B\cos B\cos L/\rho'' & 0 \end{bmatrix} \begin{bmatrix} R_x \\ R_y \\ R_z \end{bmatrix} +$$

$$\begin{bmatrix} 0 \\ -\dfrac{N}{M}e^2\sin B\cos B\rho'' \\ (N+H)-Ne^2\sin^2 B \end{bmatrix} D +$$

$$\begin{bmatrix} 0 & 0 \\ \dfrac{N}{Ma}e^2\sin B\cos B\rho'' & \dfrac{2-e^2\sin^2 B}{1-f}\sin B\cos B\rho'' \\ -\dfrac{N}{a}(1-e^2\sin^2 B) & \dfrac{M}{1-a}(1-e^2\sin^2 B)\sin^2 B \end{bmatrix} \begin{bmatrix} \Delta a \\ \Delta f \end{bmatrix} \tag{4-2}$$

式中　e^2——第一偏心率的平方；

M——地球椭球子午圈曲率半径，m；

N——地球椭球卯酉圈曲率半径，m；

B、L、H——点位纬度、经度、大地高，经纬度单位为弧度(rad)，大地高单位为米(m)；

ΔB、ΔL、ΔH——点位在两个坐标系下的纬度差、经度差、大地高差，经纬度差值单位为 rad · s，大地高差值单位为米(m)；

ρ''——角度与弧度间的转换量，rad · s；

a、Δa——椭球长半轴和长半轴差,m;

f,Δf——椭球扁率和扁率差,无量纲;

T_x、T_y、T_z——平移参数,m;

R_x、R_y、R_z——旋转参数,rad · s;

D——尺度参数,无量纲。

(三)三维四参数转换模型

该坐标转换模型实质上是采用(T_x,T_y,T_z)3 个坐标平移量和 1 个控制网水平定向旋转量 α 作为参数。α 是以区域中心 P_0 点法线为旋转轴的控制网水平定向旋转量,顾及 1954 年北京坐标系或 1980 西安坐标系平面坐标由于起始定向与 2000 国家大地坐标系的差异引起的坐标变化。

$$\begin{bmatrix} X_G \\ Y_G \\ Z_G \end{bmatrix} = \begin{bmatrix} X_C \\ Y_C \\ Z_C \end{bmatrix} + \begin{bmatrix} T_x \\ T_y \\ T_z \end{bmatrix} + \begin{bmatrix} Z_C\cos B_0\sin L_0 - Y_C\sin B_0 \\ -Z_C\cos B_0\cos L_0 + X_C\sin B_0 \\ Y_C\cos B_0\cos L_0 - X_C\cos B_0\sin L_0 \end{bmatrix}\alpha \tag{4-3}$$

式中　X_G、Y_G、Z_G——2000 国家大地坐标系下的坐标,m;

B_0、L_0——区域中心 P_0 点的大地经、纬度,rad;

X_C、Y_C、Z_C——大地坐标系(1954 年北京坐标系或 1980 西安坐标系)坐标,m;

T_x、T_y、T_z——平移参数,m;

α——旋转参数,rad。

(四)二维七参数转换模型

用于不同地球椭球基准下的地心坐标系向大地坐标系的点位坐标转换,涉及 3 个平移参数、3 个旋转参数和 1 个尺度变化参数。

$$\begin{bmatrix} L_T \\ B_T \end{bmatrix} = \begin{bmatrix} L_S \\ B_S \end{bmatrix} + \begin{bmatrix} \Delta L \\ \Delta B \end{bmatrix} \tag{4-4}$$

式中　L_T、B_T——目标坐标系大地经纬度;

L_S、B_S——原坐标系大地经纬度;

ΔL、ΔB——经纬度改正量,计算公式如下:

$$\begin{aligned} \begin{bmatrix} \Delta L \\ \Delta B \end{bmatrix} = & \begin{bmatrix} -\dfrac{\sin L}{N\cos B}\rho'' & \dfrac{\cos L}{N\cos B}\rho'' & 0 \\ -\dfrac{\sin B\cos L}{M}\rho'' & -\dfrac{\sin B\sin L}{M}\rho'' & \dfrac{\cos B}{M}\rho'' \end{bmatrix} \begin{bmatrix} T_x \\ T_y \\ T_z \end{bmatrix} + \\ & \begin{bmatrix} \tan B\cos L & \tan B\sin L & -1 \\ -\sin L & \cos L & 0 \end{bmatrix} \begin{bmatrix} R_x \\ R_y \\ R_z \end{bmatrix} + \begin{bmatrix} 0 \\ -\dfrac{N}{M}e^2\sin B\cos B\rho'' \end{bmatrix} D + \\ & \begin{bmatrix} 0 & 0 \\ \dfrac{N}{Ma}e^2\sin B\cos B\rho'' & \dfrac{2-e^2\sin^2 B}{1-f}\sin B\cos B\rho'' \end{bmatrix} \begin{bmatrix} \Delta a \\ \Delta f \end{bmatrix} \end{aligned} \tag{4-5}$$

式中　e^2——第一偏心率的平方;

M——地球椭球子午圈曲率半径,m;

N——地球椭球卯酉圈曲率半径,m;

B、L——点位纬度、经度,rad;

ΔB、ΔL——点位在两个坐标系下的纬度差、经度差,rad·s;

ρ''——角度与弧度间的转换量,rad·s;

a、Δa——椭球长半轴和长半轴差,m;

f、Δf——椭球扁率和扁率差,无量纲;

T_x、T_y、T_z——平移参数,m;

R_x、R_y、R_z——旋转参数,rad·s;

D——尺度参数,无量纲。

(五)二维四参数转换模型

二维四参数坐标模型是一种降维的坐标转换方法,即由三维空间的坐标转换转化为二维平面的坐标转换,避免了由于已知点高程系统不一致而引起的误差。用于局部区域内、不同高斯投影平面坐标转换,涉及2个平移参数,1个旋转参数和1个尺度参数。对于三维坐标,需将坐标通过高斯投影变换得到平面坐标,再计算转换参数(见图4-2)。

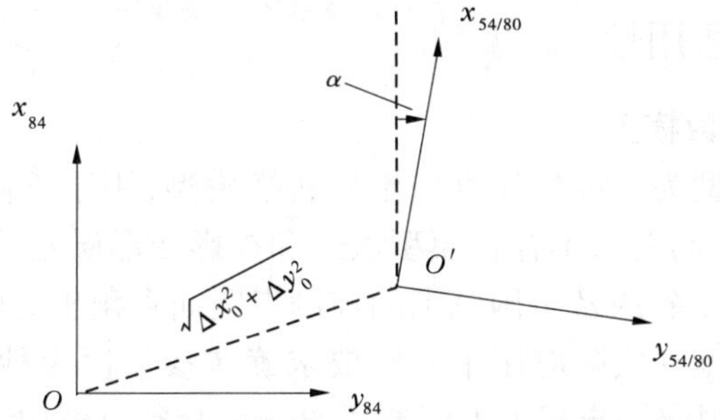

图4-2　平面四参数转换

转换参数计算公式如下:

$$\begin{bmatrix} x_2 \\ y_2 \end{bmatrix} = \begin{bmatrix} \Delta x \\ \Delta y \end{bmatrix} + (1+m)\begin{bmatrix} \cos\alpha & -\sin\alpha \\ \sin\alpha & \cos\alpha \end{bmatrix}\begin{bmatrix} x_1 \\ y_1 \end{bmatrix} \tag{4-6}$$

式中　x_1、y_1——原坐标系下平面直角坐标,m;

x_2、y_2——2000国家大地坐标系下的平面直角坐标,m;

Δx、Δy——平移参数,m;

α——旋转参数,rad;

m——尺度参数,无量纲。

(六)多项式拟合模型

不同范围的坐标转换均可用多项式拟合。有三维多项式拟合与二维多项式拟合之分,实用中有椭球面和平面两种形式。在椭球面多项式经纬度改正的基础上,加上椭球高多项式改正就变为了三维多项式拟合模型。

(1)二维椭球面拟合公式为

$$B_T = B_S + \mathrm{d}B,\quad L_T = L_S + \mathrm{d}L \tag{4-7}$$

式中 L_T、B_T——目标坐标系大地经纬度；

L_S、B_S——原坐标系大地经纬度；

dL、dB——经纬度改正量，计算公式如下：

$$\left.\begin{aligned} dB &= a_0 + a_1 B + a_2 L + a_3 BL + a_4 B^2 + a_5 L^2 \\ dL &= b_0 + b_1 L + b_2 B + b_3 BL + b_4 L^2 + b_5 B^2 \end{aligned}\right\} \tag{4-8}$$

式中 B、L——纬度、经度，rad；

a_i、b_i——多项式拟合系数，可通过最小二乘原理求解。

(2)二维平面拟合公式

$$\begin{aligned} x_2 &= x_1 + \Delta x \\ y_2 &= y_1 + \Delta y \end{aligned} \tag{4-9}$$

式中 x_1、y_1——原平面直角坐标；

x_2、y_2——目标平面直角坐标；

Δx、Δy——坐标转换改正量，用下式计算：

$$\Delta x \text{ 或 } \Delta y = a_0 + a_1 x + a_2 y + a_3 x^2 + a_4 xy + a_5 y^2 + a_6 x^3 + a_7 x^2 y + a_8 xy^2 + a_8 y^3 + \cdots$$

式中 a_i——系数，可通过最小二乘原理求解。

六、坐标转换模型的适用性

(一)布尔莎 Bursa 七参数模型

布尔莎 Bursa 七参数模型为三维空间直角坐标转换模型，用于不同地球椭球基准下的空间直角坐标系间的点位坐标转换，不存在模型误差和投影变形误差，可适用于任何区域的高精度坐标转换。一般适用于省级及全国范围的控制点空间直角坐标转换。

布尔莎 Bursa 七参数模型在实际应用中一般要求旋转参数值为秒级，平移参数值不大于 1 000 最好。上述数值的限定一定程度上限制了 Bursa 七参数模型的应用。为了避免该限制，可通过一定的方法对 Bursa 七参数模型加以改进，从而扩大其使用范围（具体可参考相关文献）。

与布尔莎模型类似的还有 Molodensky 模型、范士模型和武测模型。这几种坐标基准转换模型是等价的，采用哪种转换模型要根据转换所要达到的精度、测区的范围和公共点的个数进行合理的选择。

(二)三维七参数转换模型

三维七参数转换模型用于不同地球椭球基准下的大地坐标系间的点位坐标转换，一般适用于椭球面 3°及以上的省级及全国范围的控制点坐标转换。

(三)三维四参数转换模型

三维四参数转换模型用于局部 1954 年北京坐标系或 1980 西安坐标系向 2000 国家大地坐标系的点位坐标转换。与此相对，可用于不同地球椭球基准下的地心坐标系向大地坐标系的坐标转换，一般适用于 2°以内局部范围的控制点坐标转换。

(四)二维七参数模型

二维七参数模型为椭球面上的二维转换模型，由于不存在投影变形误差，因此基本不受范围的限制，且转换精度较高，但计算复杂。

对于 1954 年北京坐标系、1980 西安坐标系向 2000 国家大地坐标系的转换，由于这两个参心系下的大地高的精度较低，建议采用二维七参数转换。与此相对，可用于不同地球椭球基准下的地心坐标系向大地坐标系的点位坐标转换，一般适用于椭球面3°及以上的省级及全国范围控制点坐标转换。

（五）二维四参数模型

二维四参数模型为高斯平面坐标转换模型，由于该模型为线性变换公式，而高斯投影变形为非线性模型，受投影变形误差的影响，离中央子午线越远其转换精度越差，一般适用于小范围的控制点平面坐标转换、相对独立的平面坐标系统与2000国家大地坐标系的联系。

（六）三维多项式与二维多项式模型

三维多项式与二维多项式模型均是一种多项式逼近（拟合）的转换模型。当重合点分布均匀、数量足够，且目标坐标系的精度比原坐标系的精度高时，可以得到较高的转换精度。但当重合点数量较少且分布不均匀时，转换精度降低，尤其不适用于转换外推。椭球面多项式拟合适用于全国或大范围的大地坐标拟合；平面拟合多用于相对独立的平面坐标系统转换。

对于不同坐标系之间的坐标转换，目前理论最成熟、使用最广的是平面四参数转换模型与bursa七参数坐标转换模型两种。

平面四参数转换模型原理简单，数值稳定可靠。对较小区域，它转换的精度较高，但当范围较大时，由于受投影变形误差的影响，其转换精度就较差，因而它只适合于较小区域的坐标转换。

七、坐标转换模型的选取

坐标模型的选取与重合点数量、分布情况，坐标类型形式，所达到的精度，转换区域面积，转换模型的特点等有关，在具体采用何种模型时，需反复对比、试算分析，并根据工程项目要求选择合适的模型。

将我国已有坐标系（1954年北京坐标系、1980西安坐标系及相对独立的平面坐标系）成果转换为我国新一代地心坐标系——2000国家大地坐标系（CGCS2000）中的成果，需针对不同的情况，选用恰当的坐标转换模型，求解模型参数并进行坐标转换。控制点转换到2000国家大地坐标系的坐标转换模型选取方法可参照表4-1。

表4-1　控制点转换到2000国家大地坐标系的坐标转换模型选取

<table>
<tr><th colspan="2">控制点</th><th rowspan="2">转换模型</th><th rowspan="2">适用区域范围</th></tr>
<tr><th>所属坐标系</th><th>坐标类型</th></tr>
<tr><td rowspan="6">1980西安坐标系</td><td rowspan="3">大地坐标</td><td>三维七参数</td><td rowspan="3">椭球面3°及以上的省级及全国范围</td></tr>
<tr><td>二维七参数</td></tr>
<tr><td>椭球面多项式拟合</td></tr>
<tr><td rowspan="2">空间直角坐标</td><td>布尔莎</td><td>全国及省级范围</td></tr>
<tr><td>三维四参数</td><td>2°以内局部区域</td></tr>
<tr><td>平面坐标</td><td>二维四参数</td><td>局部区域</td></tr>
</table>

续表 4-1

控制点		转换模型	适用区域范围
所属坐标系	坐标类型		
1954 年北京坐标系	大地坐标	三维七参数	椭球面 3°及以上的省级及全国范围
		二维七参数	
		椭球面多项式拟合	
	空间直角坐标	布尔莎	全国及省级范围
		三维四参数	2°以内局部区域
	平面坐标	二维四参数	局部区域
相对独立的平面坐标系	平面坐标	二维四参数	局部区域
		平面多项式拟合	局部区域

【参考方案】

(1)转换方法:整体转换法,整个转换区域计算一套转换参数。

(2)转换模型:二维平面四参数模型。

由于整体转换法整个转换区域只计算一套转换参数,该方法保证了测区坐标转换的精度、连续(无接边),同时不受区域与比例尺的限制。

坐标转换模型的选取与多种因素有关,如重合点数量、分布,坐标类型形式,精度,转换区域面积,转换模型的特点等。该转换区域面积不大,所给点位坐标为高斯平面坐标形式,因此适合采用二维平面四参数模型。

任务二　坐标转换步骤与精度评定

【任务分析】

上一任务确定了坐标转换所采用的模型方法,在此基础上需给出该方法的具体实施步骤及精度评定方法。

本任务涉及重合点分析、坐标转换步骤及精度评定等知识内容。

【知识学习】

一、重合点资料的获取、整理、分析与选取

重合点的获取:一方面通过实测获取,另一方面通过收集获取。

重合点选取原则:依据外业技术总结、点之记与坐标差比较等方法选取足够的高等级、高精度、分布均匀、覆盖整个转换区域、局部变形小的点作为坐标转换的重合点。

采用二维转换模式至少选取 2 个以上的重合点,采用三维转换模式至少选取 3 个以上的重合点,重合点的分布要覆盖整个转换区域且尽量分布均匀。

当两种不同坐标系进行转换时，坐标转换的精度除取决于坐标转换的数学模型和求解转换参数的公共点（重合点）坐标精度外，还与公共点（重合点）的多少、几何形状结构有关。

由于国家大地点（国家参心坐标系）大都是半个世纪前布测的，兼之我国地壳运动变化较为复杂，几十年来，点位变化不尽相同，部分重合点可能受到大地网局部性系统误差（或形变）的影响。如果利用这些含有局部变形点（粗差点）的公共点求取坐标转换参数，可能会导致坐标转换精度降低。

另外，转换参数的精度还与重合点分布的密度、均匀性有关。当重合点的分布较均匀，点的密度达到一定程度，随着点的密度增加，转换参数的精度基本没有改变。因此，应对参与求解转换参数的重合点进行认真分析、筛选、试算，剔除局部变形点（粗差点），采用不含粗差、分布均匀且能包围转换区域的一定密度的重合点来求解转换参数。

二、坐标转换实施步骤

（1）收集、整理转换区域内重合点成果。

（2）分析、选取用于计算坐标转换参数的重合点。

（3）确定坐标转换参数计算方法与坐标转换模型。

（4）两坐标系下重合点坐标形式的转换。

若采用平面四参数转换模型，则要将重合点的两坐标系坐标换算成同一投影带的高斯平面坐标，若采用 bursa 七参数转换模型，则要将重合点的两坐标系坐标换算成各坐标系下的空间直角坐标。

（5）根据确定的转换方法与转换模型，利用最小二乘法初步计算坐标转换参数。

（6）分析重合点坐标转换残差，根据转换残差剔除粗差点。一般来说，若残差大于 3 倍残差中误差，则认为是粗差，予以剔除，然后重新计算坐标转换参数。

（7）重复上述（5）到（6）的计算过程，直至重合点坐标残差均小于 3 倍点位中误差；最终用于计算转换参数的重合点数量与转换区域大小有关，但不得少于 6 个。

（8）坐标转换残差满足精度要求（合格）时，计算最终的坐标转换参数并估计坐标转换参数精度。

（9）根据计算的转换参数，转换待转换点的目标坐标系坐标。

三、精度评定

坐标转换精度评定应采用内符合精度和外符合精度进行评价。也就是说，坐标转换精度要通过外部检核点误差与转换（残差）中误差来全面衡量。当转换的检核点误差与转换（残差）中误差数值接近时，可认为是坐标转换精度。

（一）内符合精度评定

依据计算转换参数的重合点残差中误差评估坐标转换精度，残差根据要求，可按小于 2 或 3 倍点位中误差的点位精度满足要求作为评定标准。

根据重合点的残差进行内符合精度评定的计算公式如下：

（1）重合点残差 V：

$$V = \text{重合点转换坐标值} - \text{重合点已知坐标值}$$

（2）点位中误差：

$$M_p = \pm \sqrt{M_X^2 + M_Y^2 + M_Z^2} \tag{4-10}$$

式中 M_X——空间直角坐标 X 残差中误差，$M_X = \pm \sqrt{\frac{[vv]_X}{n-1}}$；

M_Y——空间直角坐标 Y 残差中误差，$M_Y = \pm \sqrt{\frac{[vv]_Y}{n-1}}$；

M_Z——空间直角坐标 Z 残差中误差，$M_Z = \pm \sqrt{\frac{[vv]_Z}{n-1}}$；

n——点位个数。

(3)平面点位中误差：

$$M_P = \pm \sqrt{M_x^2 + M_y^2} \tag{4-11}$$

式中 M_x——平面坐标 x 残差中误差，$M_x = \pm \sqrt{\frac{[vv]_x}{n-1}}$；

M_y——平面坐标 y 残差中误差，$M_y = \pm \sqrt{\frac{[vv]_y}{n-1}}$；

n——点位个数。

(二)外符合精度评定

利用未参与计算转换参数的重合点作为外部检核点，要求点均匀分布且点数合适。

将部分重合点不参加转换，作为检核点的外符合精度，外部检核点误差 σ 计算式为

$$\sigma = \pm \sqrt{([\Delta\Delta]_x + [\Delta\Delta]_y)/m} \tag{4-12}$$

式中 m——检核点个数；

Δ——检核点转换坐标与其已知值之差。

四、影响坐标转换精度的因素分析

两种不同坐标系进行转换时，坐标转换的精度除取决于坐标转换的数学模型和求解转换参数的公共点(重合点)坐标精度外，还和公共点(重合点)的数量多少、几何形状结构有关。

(一)公共点的选取对坐标转换精度的影响

公共点的选取对坐标转换精度影响较大，一般公共点分布较广、较均匀时能有效增强坐标转换精度的稳定性，避免局部转换出现较大的误差。公共点数量的多少能有效增加坐标转换的精度，但公共点个数增加到一定数量时，并不会改善坐标转换的精度。

(二)布尔莎七参数模型中旋转角对坐标转换精度的影响

三维空间直角坐标转换是，坐标转换参数的初值(特别是旋转角)的大小，直接影响平差系统稳定性和计算速度，有时会使解算的参数严重偏离其真值。三维坐标转换的七参数线性模型求解方法对于旋转角较小的情况，能满足一般的精度要求，且求解过程简单，但当旋转角较大时，就会存在较大的模型误差，并随着旋转角的不断增大而无法适用。

(三)三维坐标转换中高程误差对转换精度的影响

两个空间直角坐标系之间的坐标转换通常采用含有 7 个参数的布尔莎模型。因以往用常规技术测设的 1954 年北京坐标系或 1980 西安坐标系中的坐标为二维坐标(大地经纬度

或高斯平面坐标)，由地面点的正常高加上概略的高程异常所得椭球高只有米级精度，实质上并非严格的三维空间直角坐标系中的坐标。此时，若采用布尔莎七参数模型求解转换参数进行坐标转换，大地高的不准确性会影响转换参数的可靠性，对平面坐标影响较小，对高程影响较大。

【参考方案】

1. 坐标转换步骤

(1)重合点选取。从 n 个1954年北京坐标点位($B_1 \sim B_n$)中选取 m 个均匀分布的点位($B_1 \sim B_m$)。

(2)GNSS联测。利用GPS测量技术得到 $C_1 \sim C_n$、$B_1 \sim B_n$ 各点WGS84坐标系的大地坐标 $(B,L,H)_{WGS84}$。

(3)中央子午线取 L_0，利用高斯投影将 $C_1 \sim C_n$、$B_1 \sim B_m$ 各点大地坐标 $(B,L)_{WGS84}$ 转换为高斯平面坐标 $(x,y)_{WGS84}$。

(4)利用二维平面四参数转换模型，通过 $C_1 \sim C_n$ 的 $(x,y)_{CGCS2000}$ 坐标与 $(x,y)_{WGS84}$ 坐标，计算WGS84高斯平面坐标系到CGCS2000高斯平面坐标系的转换参数，记为 $Can_{WGS84-CGCS2000}$。

(5)利用二维平面四参数转换模型，通过 $B_1 \sim B_m$ 的 $(x,y)_{BJ54}$ 坐标与 $(x,y)_{WGS84}$ 坐标，计算1954年北京高斯平面坐标系到WGS84高斯平面坐标系的转换参数，记为 $Can_{BJ54-WGS84}$。

(6)利用二维平面四参数转换模型，通过上述计算的 $Can_{BJ54-WGS84}$ 参数，将 $B_1 \sim B_n$ 中除 m 个重合点外的非重合点在WGS84高斯平面坐标 $(x,y)_{WGS84}$。

(7)利用二维平面四参数转换模型，通过上述计算的 $Can_{WGS84-CGCS2000}$ 参数和(6)得到的 $(x,y)_{WGS84}$ 坐标，计算 $B_1 \sim B_n$ 的 $(x,y)_{CGCS2000}$ 坐标。

2. 精度评定

精度评定采用内符合精度和外符合精度。

二维四参数模型计算时，用得到的转换参数计算重合点坐标残差并剔除残差大于3倍点位中误差的重合点；重复上述计算过程，直至重合点坐标残差均小于3倍点位中误差；最终用6个以上合适的重合点计算转换参数。

内符合精度评定一般采用坐标平面转换残差≤2 cm；外符合精度可根据需要设定，一般取外符合精度≤5 cm。

项目二　高斯投影换带

高速公路施工测量时，CGCS2000坐标系中3°带坐标换算到相邻3°带坐标涉及高斯投影坐标计算和换带计算两方面的内容。投影坐标计算包含高斯投影坐标正算($B,L \rightarrow x,y$)和高斯投影坐标反算($x,y \rightarrow B,L$)；而常用换带计算方法的实现是以高斯投影坐标正反算为基础进行换带计算的。

本项目投影换带包含“任务一　高斯投影换带方法”和“任务二　高斯投影换带计算”。主要介绍高斯投影正反算、高斯投影换带的原因、常见投影换带的情况、投影换带的步骤、坐标换算存在的问题及解决方案等方面的问题。

任务一　高斯投影换带方法

【任务分析】

高斯投影正反算可以采用直接计算方法和间接计算方法两种。直接计算的方法是通过查表完成的，以前在计算机使用并不普遍和处理能力有限的年代，主要是通过查表进行高斯投影正反计算的。现在随着计算机应用的普遍和处理能力大大增强，已很少进行查表计算，主要利用计算机编程的方法进行高斯投影坐标正反算计算。

本任务主要讲述投影换带的原因、常见投影换带的情况、坐标换带的方法、高斯投影正反算模型等知识内容。

【知识学习】

为了限制高斯投影长度变形，将椭球面按一定经度的子午线划分成不同的投影带；或者为了抵偿长度变形，选择某一经度的子午线作为测区的中央子午线。中央子午线的经度不同，使得椭球面上统一的大地坐标系变成了各自独立的平面直角坐标系，就需要将一个投影带的平面直角坐标系换算成另外一个投影带的平面直角坐标系，称为坐标换带。

一、投影换带的原因

为了应用、计算的方便和适合习惯，需要将椭球面上的元素（坐标、长度、方向、方位等）归算到平面上，归算时会不可避免地产生变形；为了限制变形采用了分带，并在分带的基础上采用高斯投影的方法建立了高斯平面坐标系，这种分带投影限制变形的方法使得原来统一的大地坐标系被分割成了若干个独立的高斯平面坐标系。

实践应用中，往往需要同时利用两个高斯平面坐标系中的点位进行测量和应用，但它们又分属于不同的高斯平面坐标系。为了使点位坐标同属于一个坐标系，需要建立两个坐标系的联系，即需要将点位从一个高斯平面坐标系转换到另一个高斯平面坐标系，这就是高斯投影换带计算的由来。

高斯投影是为了限制高斯投影的长度变形，以经线（中央子午线）进行分带，把投影范围限制在中央子午线东、西两侧一定的范围内。工程应用中，往往需要用到相邻带中的坐标，或者需要进行不同分带（6°带、3°带、1.5°带、任意度带）间的坐标换算，这时就需要进行它们间的坐标换带计算。

二、常见投影换带的情况

当遇到下述几种情况时需进行投影换带：

（1）点位位于相邻投影带边缘地区并横跨两个投影带，为了能在同一带内进行平差计算，需将坐标换算到同一个投影带内。如图 4-3 所示，控制网 A、B、1、2、3、4、C、D 点位于两个相邻带边缘并跨东西两个投影带。起算点 A、B 与 C、D 坐标如按两带分别给出的话，为了能在同一带内进行平差计算，需要把西带的 A、B 点坐标换算到东带，或者把东带的 C、D 点坐标换算到西带。

（2）在邻带分界子午线附近测图时，往往用到另一个带的点进行测图，此时须将这些点

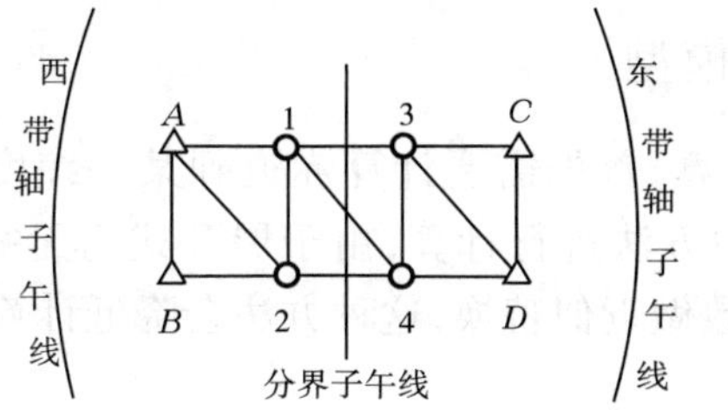

图 4-3　点位位于相邻投影带边缘地区并横跨两个投影带

的坐标转换到同一带中。两邻带地形图的拼接和使用时，重叠带中的点需具有两个相邻带的坐标值，此时也需进行投影换带（见图 4-4）。

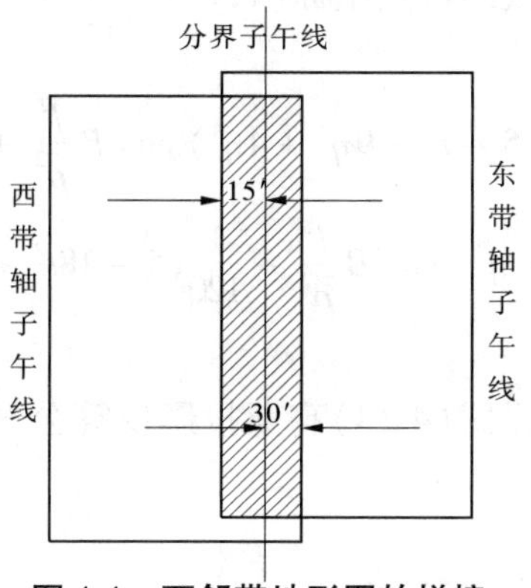

图 4-4　两邻带地形图的拼接

（3）国家控制点的坐标通常为 6°带坐标，而在工程测量中往往需要采用 3°带、1.5°带或任意度带，这就需要进行 6°带与 3°带、1.5°带或任意度带之间的坐标换算。

具体换带的情况有以下几种：①6°带坐标→相邻 6°带坐标；②6°带坐标→3°带坐标；③3°带坐标→相邻 3°带坐标；④6°带或 3°带坐标→任意度带坐标。

对于上述情况的投影换带计算，无论遇到哪种情况，其投影换带的思想是一样的，可以举一反三。

三、坐标换带的方法

坐标换带的方法有直接换带计算法和间接换带计算法两种，目前，换带计算主要采用间接换带计算法。

（1）直接换带计算法。利用已导出的两带间的坐标关系式或按关系式编制的用表直接算出在相邻带中的坐标。以前一般采用“高斯－克吕格坐标换带表”进行换带计算。这种表可用于 3°带和 3°带、3°带和 6°带以及 6°带和 6°带坐标的相互转换。

（2）间接换带计算法。同一椭球基准下，将椭球面大地坐标（B,L）作为过渡坐标，采用高斯投影坐标正算（$x_1,y_1 \rightarrow B,L$）的方法和高斯投影坐标反算（$B,L \rightarrow x_1,y_1$）的方法进行换带计算。由于在换带计算中把椭球面上的大地坐标作为过渡坐标，因而称为间接换带法。

这种方法理论上是严密的，精度高，而且通用性强，它适用于 6°带与 6°带，3°带与 3°带，6°带与 3°带，6°带、3°带与任意度带之间的坐标换带。虽然这种方法计算量较大，但可用计算机计算来克服，故已成为坐标换带中最基本的方法。

四、高斯投影正反算模型

高斯投影坐标的正反计算，首先需要计算赤道到某一纬度的子午线弧长和底点纬度。计算时采用泰勒级数展开的方法进行计算，由于展开式为无穷级数，且高次项系数极为复杂，所以一般选取低次项系数做近似替换，这种方法会降低计算的精度。至于近似取舍到何种程度，取决于所需的精度。

（一）高斯投影正算公式

同一椭球下，已知某点大地坐标(B,L)，中央子午线为L_0，计算该投影带下高斯平面直角坐标(x,y)。计算时首先由大地坐标(B,L)和中央子午线L_0计算该点与中央子午线L_0的经差l；然后由(B,l)计算该点的自然坐标(x,y)。

x、y坐标值计算公式如下：

$$\begin{cases} x = X + Nt\cos^2 B \dfrac{l^2}{\rho^2}\left[0.5 + \dfrac{1}{24}(5 - t^2 + 9\eta^2 + 4\eta^4)\cos^2 B \dfrac{l^2}{\rho^2} + \dfrac{1}{720}(61 - 58t^2 + t^4)\cos^4 B \dfrac{l^4}{\rho^4}\right] \\ y = N\cos B \dfrac{l}{\rho}\left[1 + \dfrac{1}{6}(1 - t^2 + \eta^2)\cos^2 B \dfrac{l^2}{\rho^2} + \dfrac{1}{120}(5 - 18t^2 + t^4 + 14\eta^2 - 58\eta^2 t^2) N\cos^4 B \dfrac{l^4}{\rho^4}\right] \end{cases} \tag{4-13}$$

式中各符号含义及计算方法参见式(4-14)高斯投影反算公式中符号含义，子午线弧长X计算见下。

（二）高斯投影反算公式

同一椭球下，已知高斯平面直角坐标系点位坐标(x,y)，中央子午线为L_0，反算椭球面上该点的大地坐标(B,L)。计算时首先获得y坐标的自然值，不含带号与东加常数；然后计算出(B,l)，l为该点与中央子午线的经差；最后计算$L = L_0 + l$。

B、l值计算公式如下：

$$\begin{cases} B = B_f - \dfrac{\rho t_f}{2M_f} y \left(\dfrac{y}{N_f}\right)\left[1 - \dfrac{1}{12}(5 + 3t_f^2 + \eta_f^2 - 9\eta_f^2 t_f^2)\left(\dfrac{y}{N_f}\right)^2 + \dfrac{1}{360}(61 + 90t_f^2 + 45t_f^4)\left(\dfrac{y}{N_f}\right)^4\right] \\ l = \dfrac{\rho}{\cos B_f}\left(\dfrac{y}{N_f}\right)\left[1 - \dfrac{1}{6}(1 + 2t_f^2 + \eta_f^2)\left(\dfrac{y}{N_f}\right)^2 + \dfrac{1}{120}(5 + 28t_f^2 + 24t_f^4 + 6\eta_f^2 + 8\eta_f^2 t_f^2)\left(\dfrac{y}{N_f}\right)^4\right] \end{cases} \tag{4-14}$$

式中　e^2——第一偏心率的平方，$e^2 = 2f - f^2$，$f = \dfrac{a-b}{a}$，$b = a\sqrt{1-e^2}$，$c = \dfrac{a^2}{b}$；

e'——第二偏心率，$e' = \dfrac{\sqrt{a^2 - b^2}}{b}$，$\eta^2 = e'^2 \cos^2 B$，$t = \tan B$；

W——计算中间过程变量，$W = \sqrt{1 - e^2 \sin^2 B}$；

V——计算中间过程变量，$V = \sqrt{1 + e'^2 \cos^2 B}$；

M——子午圈曲率半径，$M = \dfrac{a(1-e^2)}{W^3} = \dfrac{c}{V^3}$；

N——卯西圈曲率半径，$N = \dfrac{a}{W} = \dfrac{c}{V}$；

X——子午线弧长，设子午线上有两点p_1和p_2，p_1在赤道上，p_2纬度为B，p_1、p_2间的

子午线弧长 X 计算式为

$$X = a(1-e^2)(A'\text{arc}B - B'\sin 2B + C'\sin 4B - D'\sin 6B + E'\sin 8B - F'\sin 10B + G'\sin 12B)$$

式中

$$A' = 1 + \frac{3}{4}e^2 + \frac{45}{64}e^4 + \frac{175}{256}e^6 + \frac{11\ 025}{16\ 384}e^8 + \frac{43\ 659}{65\ 536}e^{10} + \frac{693\ 693}{1\ 048\ 576}e^{12}$$

$$B' = \frac{3}{8}e^2 + \frac{15}{32}e^4 + \frac{525}{1\ 024}e^6 + \frac{2\ 205}{4\ 096}e^8 + \frac{72\ 765}{131\ 072}e^{10} + \frac{297\ 297}{524\ 288}e^{12}$$

$$C' = \frac{15}{256}e^4 + \frac{105}{1\ 024}e^6 + \frac{2\ 205}{16\ 384}e^8 + \frac{10\ 395}{65\ 536}e^{10} + \frac{1\ 486\ 485}{8\ 388\ 608}e^{12}$$

$$D' = \frac{35}{3\ 072}e^6 + \frac{105}{4\ 096}e^8 + \frac{10\ 395}{262\ 144}e^{10} + \frac{55\ 055}{1\ 048\ 576}e^{12}$$

$$E' = \frac{315}{131\ 072}e^8 + \frac{3\ 465}{524\ 288}e^{10} + \frac{99\ 099}{8\ 388\ 608}e^{12}$$

$$F' = \frac{693}{1\ 310\ 720}e^{10} + \frac{9\ 009}{5\ 242\ 880}e^{12}$$

$$G' = \frac{1\ 001}{8\ 388\ 608}e^{12}$$

底点纬度 B_f 迭代公式：

$$B_0 = \frac{X}{a(1-e^2)A'}, B_{i+1} = B_i + \frac{X - F(B_i)}{F'(B_i)}$$

直到 $B_{i-1} - B_i$ 小于某一指定数值，即可停止迭代。

式中

$$F(B) = a(1-e^2)(A'\text{arc}B - B'\sin 2B + C'\sin 4B - D'\sin 6B + E'\sin 8B - F'\sin 10B + G'\sin 12B)$$

$$F'(B) = a(1-e^2)(A' - 2B'\cos 2B + 4C'\cos 4B - 6D'\cos 6B + 8E'\cos 8B - 10F'\cos 10B + 12G'\cos 12B)$$

【参考方案】

换带方法：采用间接换带计算的方法，通过相关软件进行换带计算。

通过查表进行高斯投影坐标正反算时，需要事先编制对应椭球的“高斯－克吕格坐标换带表”进行换带计算。而对于 CGCS2000 来说，目前没有编制相应的高斯投影坐标换带表。

与直接计算法相比，间接计算法在当代具有诸多优点：理论严密、精度高、通用性强、适合计算机编程等。

任务二　高斯投影换带计算

【任务分析】

采用间接换带法，实际是将大地坐标作为中间桥梁，换带前后椭球不变，投影高程面为参考椭球面。实质是将邻带的分带区域扩大到本带，使相邻带产生一定区域的重叠带，在重叠带内每点都具有两套坐标(如图 4-5 所示)。

本任务的投影换带计算是在 CGCS2000 椭球下进行 3°带相邻带(中央子午线 113°和 114°)的坐标换带。主要涉及坐标换带的步骤、实际应用、投影换带问题及应对措施等知识内容。

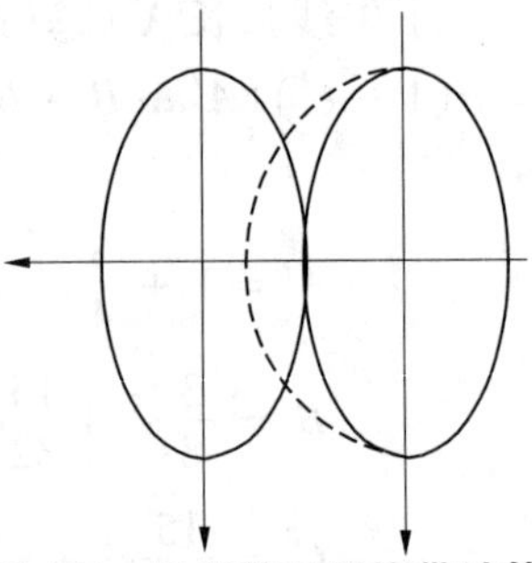

图 4-5 相邻带投影换带计算

【知识学习】

一、坐标换带的步骤

(一)获得 y 坐标的自然值

由已知高斯平面直角坐标，去掉带号与东加常数值，获得 y 坐标的自然值。

(二)高斯投影坐标反算($x_1,y_1 \rightarrow B,L$)

同一椭球下，已知高斯平面直角坐标(x_1,y_1)，中央子午线为 L_1，按高斯投影坐标反算公式，计算得到(B,l_1)，l_1 为该点与中央子午线 L_1 的经差；然后计算该点经度得 $L=L_1+l_1$，则椭球面上该点的大地坐标为(B,L)。

(三)计算该点在新投影带的经差 l_2

根据高斯投影坐标反算得到的(B,L)和新投影带的中央子午线 L_2，计算该点在新投影带内的经差 $l_2 = L - L_2$。

(四)高斯投影坐标正算($B,L \rightarrow x_2,y_2$)

同椭球下，由上述计算得到的该点大地坐标(B,L)和经差 l_2，由高斯投影坐标正算公式，计算得到新投影带下中央子午线为 L_2 的高斯平面直角坐标(x_2,y_2)。

二、坐标换带的实际应用

上述提到的常见坐标换带情况，都可按高斯投影正反算公式根据上述换带步骤进行计算，如6°带坐标→相邻6°带坐标、6°带坐标→3°带坐标、3°带坐标→相邻3°带坐标、6°带或3°带坐标→任意度带坐标。但对于不同分带间的换带计算，如6°带与3°带坐标的换算存在着中央子午线重合的情况，中央子午线一样，坐标系统也一样，此时点的坐标就不需要进行转换，这种情况也会出现在任意分带。

由3°带和6°带分带情况可知:3°带的中央子午线中，有半数与6°带的中央子午线重合。即一半3°带奇数带的中央子午线与6°带重合，另一半偶数带的中央子午线与6°带的分界子午线重合。所以，由6°带到3°带的换算可分为2种情况。

(一)3°带与6°带的中央子午线重合

如图 4-6 所示，3°带第 41 带与6°带第 21 带的中央子午线重合。既然中央子午线一致，坐标系统也就一致。所以，图中 P_1 点在6°带第 21 带的坐标，也就是该点在3°带第 41 带的坐标。在这种情况下，6°带与3°带之间不存在换带计算问题。

(二)3°带中央子午线与6°带分带子午线不重合

如图 4-6 所示，若已知 P_2 点在6°带第 21 带的坐标，求它在3°带第 42 带的坐标。由于

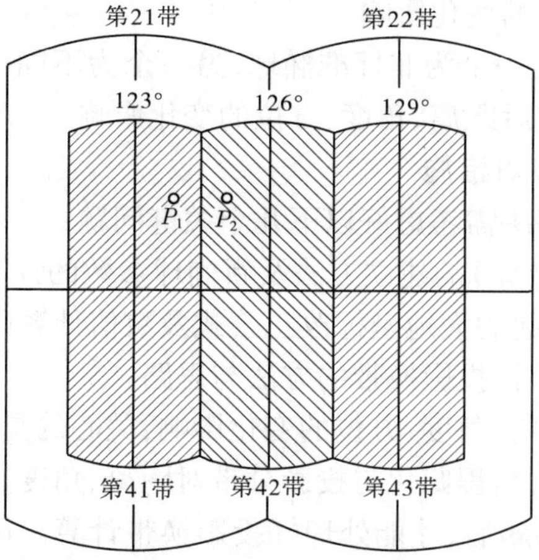

图 4-6 3°带与 6°带的中央子午线重合

这两个投影带的中央子午线不同，坐标系统不一致，必须进行换带计算。不过 P_2 点在 6°带第 21 带的坐标与它在 3°带第 41 带的坐标相同，所以 6°带到 3°带的坐标换算，也可看作是 3°带到 3°带的邻带坐标换算。

三、投影换带问题及应对措施

（一）投影换带问题

为了建立各个独立高斯平面坐标系间的联系，进行坐标换带，需要进行投影换带。投影换带虽然将点位从一个坐标系换算到了另一个坐标系，建立了统一的坐标系统，解决了实际应用中遇到的问题。但投影换带后的距离、角度、方位与投影换带前的距离、角度、方位在换带后发生了变化，这种变化给实际应用带来了不可忽略的影响，如跨带地图拼接、长线路高铁测量等，在实际应用时需加以分析研究。

上述高斯投影换带计算所涉及的内容都是在同一椭球下的投影换带，即椭球不发生变化，为国家标准椭球；投影面为参考椭球面。但在实际工程应用中，为了使长度变形不大于某一限制（如《工程测量规范》要求为 1/40 000），需要选定的投影面不是标准的参考椭球面，而是所谓的抵偿高程面；投影带不采用国家 6°带或 3°带，而采用任意度带，投影的中央子午线通常设置在测区中央，采用任意投影面和任意中央子午线进行高斯投影计算。由此，建立区域独立坐标系通常采用的椭球为非标准椭球，即在国家标准椭球的基础上经过椭球膨胀、变形或平移等变换之后的地球椭球，这样的椭球称为地方椭球或工程椭球。

高斯投影换带计算时，如果椭球为工程椭球而非标准椭球，此时建立在标准椭球基础之上的高斯投影正反算算法，并不能直接用于非标准椭球，这就产生了非标准椭球的高斯正反算问题。同样，非标准椭球的高斯正反算也会使投影后的距离、角度、方位与投影换带前的距离、角度、方位在换带后发生变化，只不过计算较前者更加复杂。

综上所述，投影换带遇到的问题可归纳如下：

（1）相邻带为同一国家标准椭球，投影换带前后距离、角度、方位的变化影响。

（2）相邻带为同一非国家标准椭球的投影换带正反计算及其投影换带前后距离、角度、方位的变化影响。

（3）相邻带为不同椭球：一个为标准椭球，另一个为非标准椭球的投影换带正反计算及其投影前后距离、角度、方位的变化影响。

(4)相邻带为不同椭球:一个为非标准椭球,另一个为不同于相邻带的非标准椭球的投影换带正反计算及其投影前后距离、角度、方位的变化影响。

(二)投影换带问题的应对措施

上述投影换带问题的解决需考虑好以下几个关键问题:

(1)非标准椭球(工程椭球)的建立方法及新椭球参数的计算。

(2)相邻带椭球变化引起的大地坐标改正公式及数值计算(dL,dB)。

(3)相邻带为不同椭球时,投影换带的方法与思路。

(4)投影换带前后对距离、角度、方位的变化影响,关心的是哪一个量或哪几个量。

(5)高斯投影正反算时,高程归化与投影分带对距离、角度、方位的变形规律。

只有解决了上述几个问题后,才能处理好投影换带计算。因解决好上述问题涉及的知识较多,有些问题并没有统一的规定和说法,很难做具体的、定量的说明,但可以根据生产实际中的工程项目及任务要求做具体的分析研究,从而处理好投影换带计算。

非标准椭球(工程椭球)的建立方法有多种,常见的有椭球变换(椭球膨胀、变形或平移等)和比例缩放。建立方法不同,新椭球参数的计算也不同。

根据非标准椭球(工程椭球)的建立方法、计算的新椭球参数和标准椭球参数,利用广义大地坐标微分公式,推导两个椭球的大地坐标改正公式,并计算改正数值。广义大地坐标微分公式可以计算椭球参数变换后大地坐标的改正量。不同的椭球变换方法,椭球参数变化不同,大地坐标的改正值也不同。

当相邻带为不同椭球时,点位的转换可以采用不同椭球基准下坐标转换的方法,但这种方法比较复杂。由于工程椭球的建立是在标准椭球的基础上通过改变几何参数建立的,因此两者之间可以建立一定的关系,从而简化换带计算。

高斯投影正反算不可避免地会产生距离、角度、方位的变形,将点位坐标从一个投影带换算到另一个投影带后,点与点间的距离、方向会不同程度地发生变化。实际应用时,可以根据具体情况看关心的是哪一方面或几方面的变化,通过分析、控制、设定限制,采用合理的方法控制变形量,从而使其满足生产要求。距离、角度、方位的变形量大小与点位在投影带中位置、点间距离长度、走向(方向)、所测高程、投影高程、经差等因素有关,应用时可具体分析。

【参考方案】

1. 软件换带步骤

(1)设置源椭球,输入换代前平面坐标。

源椭球:新建并选择 CGCS2000 椭球。

换带前平面坐标:输入已知高斯平面直角坐标(x_1,y_1)。

(2)设置目标椭球。

目标椭球:选择 CGCS2000 椭球。

平面坐标:为空,转换得到。

(3)设置投影换带参数。

换带前投影参数:投影方式:高斯正形投影 3°带;中央子午线:113°;尺度:1;北加常数:

0;东加常数:500 000;投影面高程:0。

换带后投影参数:投影方式:高斯正形投影 3°带;中央子午线:114°;尺度:1;北加常数:0;东加常数:500 000;投影面高程:0。

2. 高斯投影换带计算

首先,高斯投影坐标反算($x_1,y_1 \rightarrow B,L$)。依据中央子午线为 113°,按高斯投影坐标反算公式,计算得到(B,l_1),l_1 为该点与中央子午线 113°的经差;计算该点经度得 $L=113°+l_1$,则椭球面上该点的大地坐标为(B,L)。

其次,计算该点在新投影带的经差 l_2。根据高斯投影坐标反算得到的(B,L)和新投影带的中央子午线 114°,计算该点在新投影带内的经差 $l_2 = L - 114°$。

最后,高斯投影坐标正算($B,L \rightarrow x_2,y_2$)。由上述计算得到的该点大地坐标(B,L)和经差 l_2,由高斯投影坐标正算公式,计算得到新投影带下中央子午线为 114°的高斯平面直角坐标(x_2,y_2)。

案例五　常规 GNSS – RTK 地形图测绘

一、题目

××矿区 1∶1 000 常规 RTK 地形图测绘。

二、概述

××矿区位于××县东南部，距离县城 3 km，大致位于东经 113°、北纬 33°附近，前期已探明储量面积约 27 km^2，大致呈正方形。该矿区人口稀少，呈零散分布；地表覆盖多为耕地，局部有少量树林，无高大建筑物；地形较为平坦，局部地区有起伏。属温热带季风型大陆性气候，四季分明，光照充足，雨量充沛，气候温和，年平均气温为 17.3 ℃。盛产小麦、玉米、大豆、烟叶等农作物，地下资源丰富，盐岩总储量亿吨，储量全国第二。

某大型盐矿开发企业，结合自身现有能力，按照探明一期、规划一期、开发一期的布局思想，以前期规划开发为中心向四周地带辐射。为了便于该地区盐矿的整体规划与开发，需进行该矿区前期 1∶1 000 大比例尺地形图测绘，同时要求点位分布还应顾及后期的规划开发。

目前，已知该城区近期施测的一级控制点有 4 个，且这些点位施测了四等水准测量，分布于测区周边，标石保存完好，成果所属坐标系统为 1954 年北京坐标系，高程系统为 1985 国家高程基准。

三、目标

(1)完成常规 RTK 测量系统的设置连接与参数求解。
(2)进行测区三级平面控制点布设与施测。
(3)进行三级平面控制点五等高程测量。
(4)完成 RTK 图根控制测量与 RTK 地形图测绘。

四、依据

(1)测量任务书或合同。
(2)《全球定位系统(GPS)测量型接收机检定规程》(CH 8016—95)。
(3)《全球定位系统实时动态测量(RTK)技术规范》(CH/T 2009—2010)。
(4)《1∶500、1∶1 000、1∶2 000 外业数字测图技术规程》(GB/T 14912—2005)。
(5)《1∶500、1∶1 000、1∶2 000 地形图图式》(GB/T 20257.1—2007)。
(6)《国家基本比例尺地形图分幅和编号》(GB/T 13989—2012)。
(7)《数字地形图产品基本要求》(GB/T 17278—2009)。
(8)《测绘技术设计规定》(CH 1004—2005)。
(9)《数字测绘成果质量检查与验收》(GB/T 18316—2008)。
(10)《测绘成果质量检查与验收》(GB/T 24356—2009)。

(11)《测绘技术总结编写规定》(CH/T 1001—2005)。

(12)《测绘作业人员安全规范》(CH 1016—2008)。

(13)本项目的技术设计书和有关的补充文件。

五、条件

(一)已有资料

(1)测区现有不同时期的交通图、行政区划图可供设计、选点使用。

(2)测区周边分布有一级控制点 4 个,且这些点位施测了四等水准测量,具有点之记、平面控制网略图、水准路线图。

(3)上述成果坐标系统为1954 年北京坐标系,高程系统为1985 国家高程基准。经核实系统基准和精度符合要求,可以作为本项目平面坐标和高程的起算依据。

(二)测量人员

(1)作业单位具备丙级或以上(含丙级)资质,具有高级工程师××人、工程师××人、技术员××人和高、中、初级职业资格人员若干人。

(2)项目安排负责人 2 人;两个测量队,每队配技术员 3 人;后勤保障 2 人。

(三)仪器设备及软件

(1)常规 GNSS－RTK 测量系统:1+2 台套(一套基准站,两套流动站)。

(2)绘图软件,如南方 CASS 软件。

(3)计算机:2 台。

(4)车辆:1 辆。

六、要求

(一)矿区基准

(1)坐标系统:1954 年北京坐标系;克拉索夫斯基椭球;投影方式:高斯－克吕格投影;分带:3°带;中央子午线:114°。

(2)高程系统:1985 国家高程基准;地形图基本等高距为 0.5 m。

(二)地形图测绘比例尺、成图规格

(1)地形图采用 1∶1 000 比例尺测绘。

(2)地形图图幅分幅与编号应满足《国家基本比例尺地形图分幅和编号》(GB/T 13989—2012)的相关要求。

(三)坐标转换与参数求解

(1)根据测区提供的 4 个一级控制点的平面坐标和高程,选取其中 3 个分布均匀的点进行四参数转换和高程的平面拟合。

(2)坐标转换后,参数求解的水平残差与高程精度符合《全球定位系统实时动态测量(RTK)技术规范》(CH/T 2009—2010)的相关要求。

(四)精度要求

(1)三级控制点与五等高程点测量的精度符合《全球定位系统实时动态测量(RTK)技术规范》(CH/T 2009—2010)的相关要求,密度应满足图根测量与碎步测量的需要。

(2)图根控制点与碎步点的精度和密度应满足《全球定位系统实时动态测量(RTK)技术规范》(CH/T 2009—2010)和《1∶500、1∶1 000、1∶2 000 外业数字测图技术规程》(GB/T

14912—2005)的相关要求。

(五)产品质量控制与验收

(1)技术设计和技术总结,转换参考点的分布及残差,观测的参数设置、观测条件及检测结果和输出的成果,实地检验控制点的精度及选点、埋石质量,实地检验地形测量各质量元素的质量等应符合《全球定位系统实时动态测量(RTK)技术规范》(CH/T 2009—2010)的相关要求。

(2)产品质量控制与验收的项目与要求应满足《数字地形图产品基本要求》(GB/T 17278—2009)、《数字测绘成果质量检查与验收》(GB/T 18316—2008)与《测绘成果质量检查与验收》(GB/T 24356—2009)的相关规定。

七、剖析

GNSS - RTK(Real Time Kinematic)技术一般可分为常规 GNSS - RTK 测量技术和网络 RTK 测量技术,本案例主要介绍利用常规 GNSS - RTK 测量技术进行 1∶1 000 比例尺地形图测绘。

××矿区 1∶1 000 常规 RTK 地形图测绘分析如下:

(1)××矿区地处县城东南部,距离县城约 3 km,由于距离县城较近,同时为了将矿区规划开发与县城规划统筹考虑,因此需要使所测矿区的成果与县城已有测绘成果统一,即所采用的坐标、高程系统与县城一致。

(2)矿区施测区域地势平坦,局部有起伏,绝大部分地面坡度在 2°以下,故绘制1∶1 000 地形图等高距采用 0. 5 m。

(3)测区多为耕地,局部有树林。视野开阔,少有遮挡,易于采用 RTK 技术进行全野外数字化测图。

(4)测区面积约为 27 km^2,大致呈正方形形态。因此,地形图图幅采用矩形分幅,其规格为 50 cm×50 cm。图幅编号按西南角图廓点坐标公里数编号,X 坐标在前,Y 坐标在后,亦可按测区统一顺序编号

××矿区 1∶1 000 常规 RTK 地形图测绘作业流程见图 5-1。

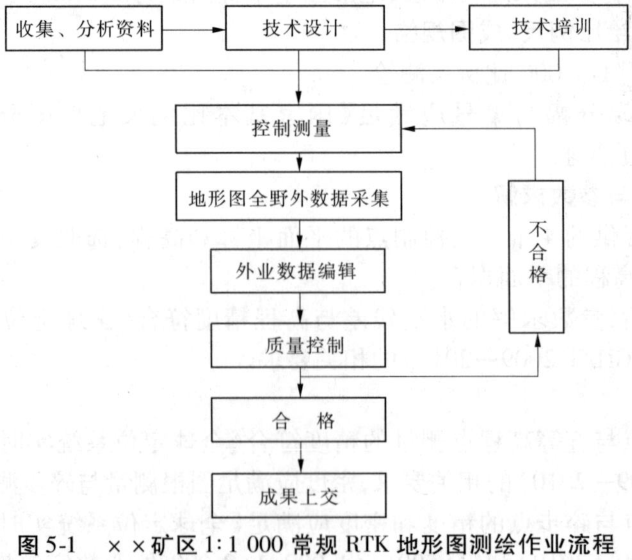

图 5-1　××矿区 1∶1 000 常规 RTK 地形图测绘作业流程

项目一　RTK 点测量操作

GNSS－RTK(Real Time Kinematic)实时动态测量技术是集计算机技术、数字通信技术、无线电技术和 GNSS 测量技术为一体的组合系统,它是以载波相位测量为依据的实时差分测量技术。

本项目常规 GNSS－RTK 点测量操作主要包含以下几个任务：RTK 测量系统的组成、测前资料的收集、基准站与流动站的设置启动、新建项目、坐标转换与高程拟合。

任务一　RTK 测量系统配置

【任务分析】

利用常规 RTK 技术进行测区控制测量、图根测量及地形图碎步测量工作前,需明白 RTK 测量系统的组成,明确仪器设备的配置、精度需求、人员组成等情况。

【知识学习】

一、RTK 测量系统组成

常规 RTK 测量系统一般包括以下三部分：基准站、流动站、数据链(见图 5-2)。

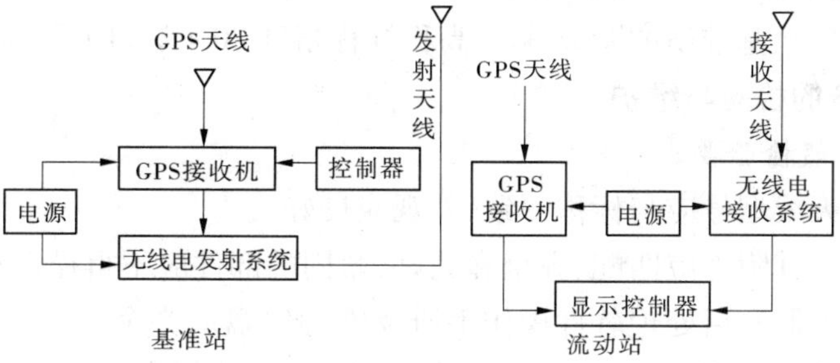

图 5-2　RTK 测量系统组成

基准站包括 GNSS 接收机、天线、无线电通信发射系统、供接收机和无线电台使用的电源及控制器等部分。基准站可以架设在具有已知坐标的参考点上,也可以架设在未知点上,连续接收所有可视 GNSS 卫星信号,并将测站的坐标、观测值、卫星跟踪状态及接收机工作状态通过数据链发送给流动站,一个基准站可以配备若干个流动站。

流动站由以下几个部分组成:GNSS 接收机、天线、无线电通信接收系统、供 GPS 接收机和无线电使用的电源及流动站控制器等部分。流动站接收机在跟踪 GNSS 卫星信号的同时接收来自基准站的数据,通过一定的算法求解载波相位整周模糊度,通过动态相对定位模型获取测量点相对于基准点的坐标增量,并计算得到流动站测量点的坐标和精度指标。

RTK 测量要连续快速地获得固定解,就必须使 RTK 流动站连续、可靠、快速地接收到基准站发来的数据链信号。数据链是建立基准站与流动站通信的桥梁，一般包括嵌入式安装在基准站内的无线数据发射板和嵌入式安装在流动站内的无线数据接收板。除此之外，还有基准站外挂高功率无线电设备和嵌入式安装在流动站内的无线数据接收板。RTK 在进行测量作业时，基准站通过嵌入式或外挂无线电发射设备，采用无线传输的方式将数据传输到流动站进行解码解算。

二、RTK 测量系统配置

（一）RTK 接收设备基本规定

（1）接收设备应包括双频接收机、天线和天线电缆、数据链套件（调制解调器、电台或移动通信设备）、数据采集器等。

（2）基准站接收设备应具有发送标准差分数据的功能。

（3）流动站接收设备应具有接收并处理标准差分数据功能。

（4）接收设备应操作方便、性能稳定、故障率低、可靠性高。

（5）接收机标称精度公式为

$$\delta = a + bd$$

式中 a——固定误差，mm；

b——比例误差系数，mm/km；

d——流动站至基准站的距离，km。

（二）测量精度

RTK 测量宜选用优于下列测量精度（RMS）指标的双频接收机：平面标称精度 $10+2\times 10^{-6}\times d$，$d$ 为流动站至基准站的距离，km；高程标称精度 $20+2\times 10^{-6}\times d$。

（三）接收设备的检验与维护

1. 接收机的一般检验要求

（1）接收机及天线型号应与标称一致，外观应良好。

（2）各种部件及其附件应匹配、齐全和完好，紧固的部件应不得松动和脱落。

（3）设备使用手册和后处理软件操作手册及磁（光）盘应齐全。

（4）接收机的检定按 CH 8016 执行，并应在有效的使用周期内。

2. RTK 测量前对设备的检验

RTK 测量前宜对设备进行以下的检验：

（1）基准站与流动站的数据链连通检验。

（2）数据采集器与接收机的通信连通检验。

3. 接收设备的维护

接收设备的维护应符合下列要求：

（1）接收设备应有专人保管，运输期间应有专人押送，并应采取防震、防潮、防晒、防尘、防蚀和防辐射等防护措施，软盘驱动器在运输中应插入保护片或废磁盘。

（2）接收设备的接头和连接器应保持清洁，电缆线不应扭折，不应在地面拖拉、碾砸。连接电源前，电池正负极连接应正确，观测前电压应正常。

(3)当接收设备置于楼顶、高标或其他设施顶端作业时,应采取加固措施,在大风和雷雨天气作业时,应采取防风和防雷措施。

(4)作业结束后,应及时对接收设备进行擦拭,并放入有软垫的仪器箱内;仪器箱应置放于通风、干燥阴凉处,保持箱内干燥。

(5)接收设备在室内存放时,电池应在充满状态下存放,应每隔 1 ~ 2 个月充放电一次。

(6)仪器发生故障时,应转交专业人员维修。

【参考方案】

××矿区 1∶1 000 常规 RTK 地形图测绘依据现有仪器设备、人员配备及测区特点等情况,采用基准站一套,流动站两套(即 1 + 2 模式)。根据测区面积大小、形状,矿区自然、人文地理特点(地势平坦,局部有起伏;测区人口稀少,呈零散分布;地形对信号的阻挡小),地物地貌复杂程度及特点等情况(地表覆盖多为耕地,局部有少量树林,无高大建筑物;地形对信号的阻挡小,无遮挡,对天通视良好),决定基准站与流动站数据链采用内置电台。

RTK 接收设备采用优于测量精度(RMS)指标的双频接收机,平面标称精度 $10 + 2 \times 10^{-6} \times d$,高程标称精度 $20 + 2 \times 10^{-6} \times d$,$d$ 为流动站至基准站的距离,单位为千米(km)。

GNSS 接收机检校:对采用的 GNSS 接收机及相关设备进行检校,由相关单位出具检测合格证明或报告。

任务二　基准站与流动站的设置启动

【任务分析】

基准站与流动站的正确设置与启动是 RTK 测量系统正常工作的关键步骤,本任务涉及 RTK 技术设计、基准站设置与启动、流动站设置与启动等知识内容。

【知识学习】

一、技术设计

技术设计是测量的第一道工序,常规 RTK 地形图测绘前,应收集测区已有的成果资料,包含图件资料(地形图、交通图、行政区划图、水文地质图、人口分布图等)、已有大地测量资料(点的平面坐标和高程、点之记、平面控制网略图、水准路线图等)、测区自然人文地理、气象交通等方面的资料,了解其必要的信息(如成果的表现形式、施测年代、测量方法、坐标系统、高程系统、分带方法、投影方式,已知点的数量、分布、精度、坐标形式、保存情况等信息),对收集到的资料进行分析、整理、取舍和必要的检核,并进行实地踏勘,必要时需测量,完成技术设计。

二、基准站设置与启动

（一）基准站架设

1. 基准站架设方式

基准站可以架设在已知点上，也可以架设在未知点上。架设在已知点上一般需要测站精确的 GNSS 坐标（如 WGS84 坐标），便于测区二次作业。但基站架设固定，影响了作业的灵活性。未知点上架设基站，架设自由，可根据需要选择测区中央一处架设基站，作业灵活。

2. 基准站架设点位要求

基准站架设应遵循以下几点要求：

（1）基站点位地质条件良好、土质坚实、交通方便，利于点位的保存，便于使用。

（2）基准站周围上空应无或少有遮挡，即截止高度角上空范围基站追踪卫星状况良好。合理高度截止角的设定可以有效地减小多路径效应、对流层延迟和电离层延迟等对卫星定位结果的影响。

（3）基准站最好安置在开阔地方，周围无大面积的信号反射面（远离大面积水域、大型建筑物幕墙等），以减少多路径干扰。

（4）基准站需远离大功率无线发射装置（如电视发射塔、微波塔、无线通信设备等）200 m 以外，要远离高压输电线路、通信线路 50 m 外。

（5）基准站用电台传输时，易选择测区制高点位置架设，增加电台传输的距离。

（二）基准站设置与启动

基准站设置与启动的操作步骤如下：

（1）架设脚架，安置基座对点器，对中整平。

（2）连接 GNSS 接收机（内置电台）与发射天线后，放置在基座上并固定；除此之外，还可配备高功率的外置电台和电台天线，但须注意：发射天线最好远离基准站 3 m 以上，避免设备间的干扰。

（3）使基站和电台连接电源（有内置电源和外接电源）。如果基站需长时间运行，需切换到外接电源供电。

（4）量取天线高，有垂高和斜高之分，一般量取的天线高为斜高。量取时，测前，测后各量取一次，每次量取时从测量标志中心量取到仪器标志中心，呈 120°量取 3 次取平均值，读数精确到 0.001 m。

（5）电子手簿连接基准站，对基准站进行设置。手簿与基站的连接可以采用数据线或蓝牙，连接后对基站进行设置，主要有基站工作模式、基站坐标、截止高度角、频率与通道、差分格式、卫星星座等项目，设置完成后需启动基站，使其正常工作。

三、流动站设置与启动

（一）流动站架设

将连接有接收天线的 GNSS 接收机安置在对中杆上，该杆可用于对中整平（测前需检校气泡）。对中杆的杆高可根据需要设定。

(二)流动站设置与启动

(1)流动站架设连接后,手簿连接流动站接收机,设置内容主要有移动站工作模式、截止高度角、频率与通道、差分格式、卫星星座等项目,须与基准站保持一致。设置完成后启动流动站,完成初始化,使解的类型达到固定解。

(2)移动站测量前需进行初始化工作。初始化(On - The - Fly)是接收机在定位前确定整周模糊度的过程,这个过程称为 RTK 初始化或整周模糊度解算。初始化完成后,移动站的解达到固定解,将以厘米级的精度进行测量,直到模糊度丢失。初始化时间与周围环境和基站流动站接收机的接收情况等因素有关,通常可在几秒内完成。

流动站测量点解的类型有单点解、差分解、浮点解、固定解。固定解的精度为厘米级,只有流动站得到固定解后才能进行测量工作。

(三)流动站测量点点位要求

(1)流动站不易在隐蔽、遮挡地带测量。

(2)流动站易避开大面积的反射面(如大面积水域、大型建筑物幕墙等),以减少多路径干扰。

(3)流动站需远离大功率无线发射装置(如发射塔、微波塔、无线通信设备、高压输电线路等)。

(4)流动站在信号失锁受影响、不能固定时,可将仪器移至开阔地带或升高天线,待信号跟踪正常固定时,再移至待测点测量。

(四)RTK 测量系统正常工作的基本条件

(1)基准站和流动站要同时接收到 5 颗以上的 GNSS 卫星信号。

(2)基准站和流动站同时接收到卫星信号,且流动站接收到基准站发出的差分信号。

(3)流动站要连续接收 GNSS 卫星信号和基准站发出的差分信号。即流动站迁站过程中不能关机,不能失锁,否则 RTK 须重新初始化。

【参考方案】

(1)技术设计。常规 RTK 地形图测绘前,需收集资料、实地勘测,完成技术设计。

(2)基站架设、设置及启动。基准站架设在未知点上,选择测区中央区域某制高点上架设基站。基站坐标采用单点定位结果,天线高量取方式为斜高;基准站频率设为 445.025,通道为 5;差分格式设为 RTCM3.0;高度角设为 15°,并启动基站。完成后填写 RTK 基准站观测手簿(见表 5-1)。

(3)流动站架设、设置与启动:设置流动站频率、通道、差分格式与基站保持一致,并使解的类型达到固定解。

流动站的设置基本与基准站一致,但须使基站与流动站上述几项设置内容保持一致,并使流动站解的类型为固定解,只有固定解才能达到厘米级的精度。同一基准站二次观测点位平面坐标及三次观测高程成果的填写采用表 5-2 和表 5-3。

表 5-1 RTK 测量基准站观测手簿

<table>
<tr><td>点号</td><td></td><td>点名</td><td></td><td>参考点等级</td><td></td></tr>
<tr><td>观测记录员</td><td></td><td>观测日期</td><td></td><td>采样间隔</td><td></td></tr>
<tr><td>接收机类型</td><td></td><td>接收机编号</td><td></td><td>开始记录时间</td><td></td></tr>
<tr><td>天线类型</td><td></td><td>天线编号</td><td></td><td>结束记录时间</td><td></td></tr>
<tr><td>近似纬度 N</td><td>° ′ ″</td><td>近似经度 E</td><td>° ′ ″</td><td>近似高程 H</td><td>m</td></tr>
<tr><td colspan="2">天线高测定</td><td colspan="2">天线高测定方法及略图</td><td colspan="2">点位略图</td></tr>
<tr><td>测前</td><td>测后</td><td colspan="2" rowspan="5"></td><td colspan="2" rowspan="5"></td></tr>
<tr><td></td><td></td></tr>
<tr><td></td><td></td></tr>
<tr><td></td><td></td></tr>
<tr><td>平均值：</td><td>平均值：</td></tr>
<tr><td>时间
(UTC)</td><td>跟踪卫星号及信噪比</td><td>纬度
(° ′ ″)</td><td>经度
(° ′ ″)</td><td>大地高
(m)</td><td>天气
状况</td></tr>
<tr><td></td><td></td><td></td><td></td><td></td><td></td></tr>
<tr><td></td><td></td><td></td><td></td><td></td><td></td></tr>
<tr><td></td><td></td><td></td><td></td><td></td><td></td></tr>
<tr><td>备注</td><td colspan="5"></td></tr>
</table>

表 5-2 同一基准站二次观测点位平面坐标成果表

基准站名称：

序号	点号	第一次坐标(m)		第二次坐标(m)		第三次坐标(m)		中数(m)	
		X_1	Y_1	X_2	Y_2	X_3	Y_3	X	Y

表 5-3　同一基准站三次观测高程成果表

基准站名称：

序号	点号	第一次高程 H_1(m)	第二次高程 H_2(m)	第三次高程 H_3(m)	中数 H(m)

任务三　新建项目

【任务分析】

基准站与流动站正确设置启动后，使解的类型达到固定解。这时可以建立本次任务的测量项目，使测得的成果保存在该项目中，当然也可在上一任务之前新建项目。

本任务新建项目涉及坐标系统、椭球、投影、高程系统、转换参数以及其他的一些设置（如天线高、存储类型、坐标显示类型、截止高度角、HRMS、VRMS、PDOP 值等）知识内容。

【知识学习】

一、椭球与投影

GNSS 接收机采集的坐标属于某一导航卫星的卫星星历（如 GPS、GLONASS、GALILEO、COMPASS 等卫星星历）对应的坐标，如采用 GPS 卫星进行定位测量，获得的点坐标就属于 WGS84 坐标系。但实际测量工作中采用的坐标往往是地方坐标，如 1954 年北京坐标系、1980 西安坐标系或地方独立坐标系，因此就需要将 GNSS 采集的坐标转换到地方坐标，这就需要知道转换前的椭球（原椭球）与转换后的椭球（目标椭球）的几何参数，比如长半轴、扁率等。如果需将 GNSS 采集的 WGS84 坐标转换为 1954 年北京坐标，就需要将原椭球设置为 WGS84 坐标系，WGS84 椭球对应的几何参数；目标椭球设置为 1954 年北京坐标系，克拉索夫斯基椭球对应的几何参数。

点的坐标可以表示为大地坐标(B,L)和高斯平面坐标$(x\ ,y)$。大地坐标(B,L)为球面坐标，$(x\ ,y)$为平面坐标，实际工作中经常用到的一般为高斯平面坐标，这就需要将球面坐标(B,L)转换为高斯平面坐标(x,y)，要进行转换，就涉及分带、投影等问题。

将球面元素转换为平面元素，这些元素（坐标、距离、方向、方位角等）会产生不同程度的变形,为了控制变形,需要进行分带,我国常用 3°带和 6°带进行分带。对于有些满足不了变形测量要求的,可采用其他的分带方法。

在分带的基础上,可以建立起椭球面元素与平面元素之间的对应关系,即投影。投影的方式有多种,包含高斯 - 克吕格投影、墨卡托、兰勃托等投影方式,我国规定采用高斯 - 克吕格正形投影。如按某一分带方法分带后,就会产生多个高斯平面坐标系。每一个坐标系都具有以下几项内容:投影面高程、中央子午线、东加常数、北加常数、尺度因子、是否加带号等内容。投影面高程可根据建立局部椭球时选定的投影面设置;中央子午线不同地区有不同的设置,可由当地坐标计算或其他方法提供。东加常数一般设为 500 km,北加常数一般设为 0;尺度因子一般设为 1;是否加带号可根据需要设置。

二、其他设置

RTK 点测量的存储方法有一般存储和平滑存储。一般存储指点测量采用单次测量,平滑存储指点的测量采用多次测量取平均值。

卫星截止高度角:由于低高度角的卫星信号穿透电离层和对流层引起的折射大,并且多路径效应使低高度角卫星的信号在接收时有衍射作用,所以 RTK 测量时对观测到的卫星必须加以选择,即需设定卫星高度截止角。可根据实际情况选用,一般 10° ~15°即可。

天线高:流动站对中杆杆高,根据需要设定(一般 2 m)。时区:中国位于东八区。HRMS 限制:代表测量时水平精度,一般设为 0. 02 m;VRMS 代表垂直精度因子,一般设为 0. 03 m。

RTK 测量与测量卫星状况有关。一般 PDOP 值大于 6,高度角 15°以上卫星数小于 5,为不可用;PDOP 值大于等于 4,小于等于 6,高度角 15°以上卫星数是 5,为可用;PDOP 值小于 4,高度角 15°以上卫星数大于等于 6,为良好。

三、坐标转换和高程转换

原椭球与目标椭球的转换问题涉及坐标转换和高程转换(下一任务详细讲解),坐标转换方法主要有椭球转换与平面转换,RTK 测量的坐标转换一般采用平面转换。RTK 坐标转换与高程拟合参数的求解方法主要有两种:测前在室内根据已知数据求解出转换参数和实地现场求解转换参数。前者需要已知同一点在不同坐标系和高程系中的两套坐标,后者只知道点在目标坐标系、高程系中的坐标和高程,原坐标系中的坐标和高程需要现场实地采集,采集后再进行转换。因此,采用后者进行转换时,RTK 测量新建项目无需对椭球转换、平面转换和高程拟合进行设置,现场实地求解参数后,这些相关数值会显示在对应数值项中。

坐标转换和高程拟合后,再进行数据采集得到的点的坐标就属于转换后坐标系、高程系中的坐标和高程。在进行 RTK 测量时,可以对测量点的杆高、截止高度角、坐标的显示类型和顺序、存储方法、HRMS 限制、VRMS 限制及 PDOP 限制等进行设置。

【参考方案】

本矿区新建项目设置如下:

1. 项目名称

一般以“测区名称＋日期”的方式命名。

2. 坐标系统

填写坐标系统名称。

1）椭球

原椭球：WGS84；a（m）：6 378 137；1/f：298. 257 223 6。

地方椭球：1954 年北京坐标系；a（m）：6 378 245；1/f：298. 3。

2）投影

投影方法：高斯 3°带；中央子午线：114：00：00：00000E；北向加常数：0；东向加常数：500 000 m；投影面高程：0；平均纬度：000：00：00：00000E；尺度：1；加带号：否。

3）椭球转换

转换模型：无。

4）平面转换

转换模型：无。

5）高程拟合

转换模型：无。

3. 其他设置

（1）天线高：杆高，2 m。

（2）存储类型：一般存储。

（3）坐标显示类型：格网坐标，xyh。

（4）卫星截止高度角：10°。

（5）时区：东 8 区。

（6）HRMS 限制：0. 05 m。

（7）VRMS 限制：0. 1 m。

（8）PDOP 限制：≤5。

任务四　坐标转换与高程拟合

【任务分析】

由于 GNSS 接收机采集的坐标为某一导航系统卫星星历对应的坐标，高程为椭球高，如采用 GPS 进行测量，获得的点坐标就属于 WGS84 坐标系，高程为 WGS84 椭球高。但实际测量工作中采用的坐标往往是地方坐标（如 1954 年北京坐标系、1980 西安坐标系或地方独立坐标系），高程为正常高（如 1985 国家高程基准或 1956 年黄海高程系）。因此，就需要将 GNSS 采集的坐标转换到地方坐标，将椭球高转换为正常高，如此 RTK 测量会涉及坐标转换和高程拟合等方面的问题。

本任务主要介绍坐标转换与高程拟合的方法、特点、步骤及质量评定等方面的知识内容。

【知识学习】

一、坐标转换

RTK 坐标转换方法有多种,可以根据已知条件的不同而使用不同的坐标转换方法。主要转换方法有平面四参数转换、七参数转换、三参数转换、一步法转换等。

(一)平面四参数转换

四参数计算,至少需要两个控制点的两套坐标参与计算才能最低限度地满足控制要求。参与计算的控制点原则上至少要用两个或两个以上的点,控制点等级的高低和分布直接决定了四参数的控制范围。

四参数方法进行 RTK 测量可在小范围(一般 20 ~ 30 km^2)内使测量点的平面坐标及高程的精度与已知的控制网之间配合很好,只要采集两点或两点以上的地方坐标点就可以了,但是在大范围(比如几十、几百平方千米)进行测量的时候,往往转换参数不能在部分范围起到提高平面和高程精度的作用,这时候就要使用七参数方法。

(二)七参数转换

七参数转换指的是:3 个平移参数(*X* 平移、*Y* 平移、*Z* 平移)、3 个旋转参数(*X* 轴旋转、*Y* 轴旋转、*Z* 轴旋转)、1 个尺度因子(缩放比例(尺度比))。七参数的应用范围较大(一般大于 50 km^2),计算时用户需要知道三个已知点的地方坐标和 WGS84 坐标,即 WGS84 坐标转换到地方坐标的七个转换参数。

需要注意的是:3 个点组成的区域最好能覆盖整个测区,这样测量的效果较好。七参数的控制范围和精度虽然增加了,但 7 个转换参数都有参考限值,*X*、*Y*、*Z* 轴旋转一般都必须是秒级的;*X*、*Y*、*Z* 轴平移一般小于 1 000 m。若求出的七参数不在这个限值以内,一般是不能使用的。

(三)三参数转换

当七参数不考虑各轴旋转和尺度比时,就只有三个平移参数,这就是三参数。三参数至少需要 1 个或 1 个以上的已知点,移动站测量精度随距离基准站距离的增加而减少,一般适合于水上精度要求不高的作业方法。作用距离在 5 km 范围较平坦的地方。

(四)一步法转换

一步法:这种方法将高程与点位分开进行转换。平面转换时,将 WGS84 地心坐标投影到临时的横轴墨卡托投影,然后通过平移、旋转和尺度变换使之与计算的"真实"投影相符合。

高程转换则采用简单的一维高程拟合,由于用这种方法进行平面点位转换,不需要知道地方坐标系统的参考椭球与地图投影类型,高程和平面点位的转换是分开进行的。因此,高程误差不会传播给平面点位,如果地方高程的资料不是很好或根本没有,可以仅对平面点位进行转换。还有,高程已知点和平面点位已知点不必是同一个点。用这种方法进行转换,能够在只有一个公共点的情况下进行坐标和高程的转换。

这种方法的优点是利用较少的信息即可计算出转换参数,不需要已知地方椭球和地图通用模型就可以利用最少的点计算出转换参数。值得注意的是,当使用一个或两个地方点计算参数时,作为计算的参数仅对于附近的点的转换来说是有效的。一步法由于没有考虑到当地椭球的大小,所以是一种近似的坐标转换,这种转换方法的转换区域一般限制在 10 km^2 以内。

二、高程拟合

(一)GNSS 水准测量原理

GNSS 相对定位可以得到大地高差。如果已知一个点的大地高,就可以利用相对关系求得其他点的大地高。大地高是以参考椭球面为基准面的,定义为:由地面点沿通过该点的椭球面法线到椭球面的距离。但是,我国通用的是正常高系统,是以似大地水准面为基准面的,参考椭球面与似大地水准面是两个不同的基准面,二者既不重合也不平行,大地高与正常高之间的差值称为高程异常。因此,在得到 GNSS 点的大地高之后,要得到实际工作需要的正常高,还需要求解高程异常。计算高程异常的方法主要是重力测量法,但在一般的测量工作中是难以实现的,因此需采取其他的方法。实际应用中,可以通过下述数学方法实现。

GNSS 测量可以得到各点的大地高,且由水准联测可以得到一些点的正常高,由此便可以求得各点的高程异常。对于未联测的水准点,如果知道高程异常,就可以得到正常高。在测量区域不大的范围内,似大地水准面的变化比较平缓,可以利用联测水准的 GNSS 点用一定的数学方法(如拟合、插值等方法)来逼近似大地水准面,以求得其他 GNSS 点的高程异常,进而求得正常高。

(二)RTK 高程拟合

RTK 进行高程拟合的方法有很多,常见的有固定差改正(即平移模型)、平面拟合及曲面拟合等。

高程拟合使用点数少于 3 个时,进行固定差改正,即平移模型;使用 3 个或 3 个以上点高程拟合时,采用平面拟合;使用 6 个或 6 个以上点的高程时,采用曲面拟合。

1. 平移模型

平移模型,即所谓的固定差改正。利用一个水准点求差的方法得到一个常数,并利用该数值进行平移改正。该方法用于面积较小的区域。

2. 曲面拟合

曲面拟合法就是将高程异常近似看作是一定范围内各点坐标的曲面函数,高程异常在此范围内变化平缓,可以利用已联测水准的 GNSS 点的高程异常来拟合这一函数。在求得函数之后,就可以计算其他 GNSS 点的高程异常和正常高。通常采用二次曲面函数对高程异常进行曲面拟合,采用二次曲面拟合时,至少应有 6 个 GNSS 水准联测点。

3. 平面拟合

当少于 6 个联测点时,可采用平面函数拟合模型。平面拟合只限于小区域且较为平坦的范围。

三、质量评定

坐标转换与高程拟合完成后,可以通过参与转换的参考点的转换残差以及点检核对本次转换进行评价。

坐标转换残差与高程转换残差的要求随 RTK 测量内容（控制点、图根点、碎步点）的不同而不同。如果进行 RTK 平面控制点测量，平面坐标转换残差不应超过 ±2 cm；RTK 高程控制点测量，高程异常拟合残差不应大于 3 cm，图根点与碎步点的残差要求见下文。

坐标与高程转换完成后，需到参与转换参考点外的其他点上进行点检核（当采用单基准站观测时，必须检测周边已有同等级以上控制点），点检核满足要求时才可进行测量。

【参考方案】

1. 坐标转换

平面四参数转换模型采用测区 3 个已知平面坐标点作为转换参考点，求解转换参数，第 4 个点作为检核。

2. 高程拟合

高程拟合采用平面拟合，利用 3 个已知高程点作为转换参考点，求解转换参数，第 4 个点作为检核。平面拟合方法算法简单，易于实现，适用于测区地势平坦，面积不大的地区。该矿区的特点与之相似，故采用平面拟合。

3. RTK 点测量转换步骤

(1)基准站与流动站设置。

(2)新建项目。

(3)输入测区 4 个已知一级控制点。

(4)利用同一点的两套坐标，进行坐标转换和高程拟合，并填写、检查参考点的转换残差及转换参数表（见表 5-4），使之满足不同测量内容的要求。

表 5-4 参考点的转换残差及转换参数

参考点地心坐标与地方坐标的转换残差			
序号	参考点名(号)	平面残差(cm)	高程残差(cm)
参考点地心坐标与地方坐标的转换参数			
平面转换参数：			
高程转换参数：			

（5）坐标转换与高程拟合后，到参与转换参考点外的其他点上进行点检核，使之满足不同测量内容的要求。

（6）点检核满足要求时，即可进行 RTK 控制测量、图根测量及碎部测量。

项目二　RTK 控制测量与地形测量

本项目包含以下两个任务："任务一　RTK 控制测量"、"任务二　RTK 地形测量"。

GNSS－RTK 控制测量包含平面控制测量和高程控制测量，适用于布测外业数字测图和摄影测量与遥感的基础控制点。

GNSS－RTK 地形测量适用于外业数字测图，内容分为图根点测量和碎部点测量。

任务一　RTK 控制测量

【任务分析】

RTK 控制测量前，应根据任务需要收集测区高等级控制点的地心坐标、参心坐标、坐标系统转换参数和高程成果等，进行技术设计。

RTK 控制测量技术设计完成后，需实地选点埋石，并在遵循基准站和流动站控制测量技术要求的前提下，进行基准站和流动站的设置启动，然后执行新建工程、坐标转换和高程拟合，最后进行平面和高程控制测量，并对控制点测量成果进行质量控制与检查。

本任务涉及 RTK 控制测量技术设计，等级划分与布网原则，技术要求及规定，坐标转换方法的获取，基准站技术要求，平面、高程控制点测量流动站技术要求，控制点质量控制与检查等知识内容。

【知识学习】

一、RTK 控制测量等级划分与布网原则

RTK 平面控制点按精度划分为一级控制点、二级控制点、三级控制点。RTK 高程控制点按精度划分为五等高程点。

平面控制点可以逐级布设、越级布设或一次性全面布设。每个控制点宜保证有一个以上的等级点与之通视。

二、RTK 控制测量技术要求及规定

RTK 控制测量技术要求及规定如下：

（1）有条件采用网络 RTK 测量的地区，宜优先采用网络 RTK 技术测量。

（2）经、纬度记录精确至 0.000 01″，平面坐标和高程记录精确至 0.001 m。天线高量取精确至 0.001 m。

(3) RTK 测量卫星的状态应符合表 5-5 的规定。

表 5-5 RTK 测量卫星的状态

观测窗口状态	截止高度角 15°以上的卫星个数	PDOP 值
良好	≥6	<4
可用	5	≥4 且≤6
不可用	<5	>6

(4) RTK 平面控制点测量主要技术要求应符合表 5-6 的规定。

表 5-6 RTK 平面控制点测量主要技术要求

等 级	相邻点间平均边长(m)	点位中误差(cm)	边长相对中误差	与基准站的距离(km)	观测次数	起算点等级
一级	≥500	≤ ±5	≤1/20 000	≤5	≥4	四等及以上
二级	≥300	≤ ±5	≤1/10 000	≤5	≥3	一级及以上
三级	≥200	≤ ±5	≤1/6 000	≤5	≥2	二级及以上

注:1. 点位中误差指控制点相对于最近基准站的误差。

2. 采用基准站 RTK 测量一级控制点需至少更换一次基准站进行观测,每站观测次数不少于 2 次。

3. 采用网络 RTK 测量各级平面控制点可不受流动站到基准站距离的限制,但应在网络有效服务范围内。

4. 相邻点间距离不宜小于该等级平均边长的 1/2。

(5) RTK 高程控制点测量主要技术要求应符合表 5-7 的规定。

表 5-7 RTK 高程控制点测量主要技术要求

大地高中误差(cm)	与基准站的距离(km)	观测次数	起算点等级
≤ ±3	≤5	≥3	四等及以上水准

注:1. 大地高中误差指控制点大地高相对于最近基准站的误差。

2. 网络 RTK 高程控制测量可不受流动站到基准站距离的限制,但应在网络有效服务范围内。

三、测区坐标系统转换参数的获取

测区坐标系统转换参数获取基本规定如下:

(1) 在获取测区坐标系统转换参数时,可以直接利用已知的参数。

(2) 在没有已知转换参数时,可以自己求解。

(3) 2000 国家大地坐标系与参心坐标系(如 1954 年北京坐标系、1980 西安坐标系或地方独立坐标系)转换参数的求解,应采用不少于 3 点的高等级起算点两套坐标系成果,所选起算点应分布均匀,且能控制整个测区。

(4) 转换时应根据测区范围及具体情况,对起算点进行可靠性检验,采用合理的数学模型,进行多种点组合方式分别计算和优选。

(5) RTK 控制点测量转换参数的求解,不能采用现场点校正的方法进行。

测区坐标系统转换参数获取的优先顺序按上述(1)、(2)、(3)依次选用。

四、RTK 控制测量基准站技术要求

RTK 控制测量基准站技术要求如下：

(1)采用网络 RTK 时，基准站网点的设立要求按 CH/T 2008—2005 的规定。

(2)自设基准站如需长期和经常使用，宜埋设有强制对中的观测墩。

(3)自设基准站应选择在高一级控制点上。

(4)用电台进行数据传输时，基准站宜选择在测区相对较高的位置。

(5)用移动通信进行数据传输时，基准站必须选择在测区有移动通信接收信号的位置。

(6)选择无线电台通信方法时，应按约定的工作频率进行数据链设置，以避免串频。

(7)应正确设置随机软件中对应的仪器类型、电台类型、电台频率、天线类型、数据端口、蓝牙端口等。

(8)应正确设置基准站坐标、数据单位、尺度因子、投影参数和接收机天线高等参数。

五、RTK 平面控制点测量流动站技术要求

平面控制点测量流动站技术要求如下：

(1)网络 RTK 测量流动站获得系统服务的授权。

(2)网络 RTK 测量流动站应在有效服务区域内进行，并实现与服务控制中心的数据通信。

(3)用数据采集器设置流动站的坐标系统转换参数，设置与基准站的通信。

(4)RTK 的流动站不宜在隐蔽地带、成片水域和强电磁波干扰源附近观测。

(5)观测开始前应对仪器进行初始化，并得到固定解，当长时间不能获得固定解时，宜断开通信链路，再次进行初始化操作。

(6)每次观测之间流动站应重新初始化。

(7)作业过程中，如出现卫星信号失锁，应重新初始化，并经重合点测量检测合格后，方能继续作业。

(8)每次作业开始前或重新架设基准站后，均应进行至少一个同等级或高等级已知点的检核，平面坐标较差不应大于 7 cm。

(9)RTK 平面控制点测量平面坐标转换残差不应超过 ±2 cm。

(10)数据采集器设置控制点的单次观测的平面收敛精度不应大于 2 cm。

(11)RTK 平面控制点测量流动站观测时应采用三角架对中、整平，每次观测历元数应不小于 20 个，采样间隔为 2 ~ 5 s，各次测量的平面坐标较差应不大于 4 cm。

(12)应取各次测量的平均坐标中数作为最终结果。

(13)进行后处理动态测量时，流动站应先在静止状态下观测 10 ~ 15 min 获得固定解，然后在不丢失初始化状态的前提下进行动态测量。

六、RTK 高程控制点测量流动站技术要求及规定

高程控制点测量流动站技术要求如下：

(1)RTK 高程控制点测量流动站的技术要求,按照 RTK 平面控制点测量流动站技术要求中(1)至(8)执行。

(2)RTK 高程控制点测量高程异常拟合残差不应大于 3 cm。

(3)RTK 高程控制点测量设置高程收敛精度应≤ ±3 cm。

(4)RTK 高程控制点测量流动站观测时应采用三角架对中、整平,每次观测历元数应不少于 20 个,采样间隔为 2 ~5 s,各次测量的大地高较差应不大于 4 cm。

(5)应取各次测量的大地高中数作为最终结果。

(6)流动站的高程异常可以采用数学拟合方法、似大地水准面精化模型内插等方法获取,拟合模型及似大地水准面模型的精度根据实际生产需要确定。

七、成果数据处理与检查

RTK 控制点测量质量控制与检查要求如下:

(1)RTK 控制测量外业采集的数据应及时进行备份和内外业检查。

(2)RTK 控制测量外业观测记录采用仪器自带内存卡或测量手簿,记录项目及成果输出包括下列内容:

①转换参考点的点名(号)、残差、转换参数。

②基准站点名(号)、天线高、观测时间。

③流动站点名(号)、天线高、观测时间。

④基准站发送给流动站的基准站地心坐标、地心坐标的增量。

⑤流动站的平面、高程收敛精度。

⑥流动站的地心坐标、平面和高程成果。

⑦测区转换参考点、观测点网图。

在进行网络 RTK 时,①至④项可根据项目要求部分提供。

(3)用 RTK 技术施测的控制点成果应进行 100% 的内业检查和不少于总点数 10% 的外业检测,平面控制点外业检测可采用相应等级的卫星定位静态(快速静态)技术测定坐标,全站仪测量边长和角度等方法,高程控制点外业检测可采用相应等级的三角高程、几何水准测量等方法,检测点应均匀分布在测区。

对应成果的检测结果应满足表 5-8 和表 5-9 的要求。

表 5-8 平面控制测量成果检测要求

等级	边长校核		角度校核		坐标校核
	测距中误差(mm)	边长较差的相对误差	测角中误差(″)	角度较差限差(″)	坐标较差中误差(cm)
一级	≤ ±15	≤1/14 000	≤ ±5	14	≤ ±5
二级	≤ ±15	≤1/7 000	≤ ±8	20	≤ ±5
三级	≤ ±15	≤1/4 500	≤ ±12	30	≤ ±5

表 5-9　高程控制测量成果检测要求

项目	高差较差(mm)
要求	$\leqslant 40\sqrt{L}$

注:L 为检测线路长度,以 km 为单位,不足 1 km 时按 1 km 计算。

【参考方案】

1. 技术设计

根据任务需要,收集测区高等级一级控制点及其四等水准测量成果等资料,进行技术设计。RTK 平面控制采用三级控制测量,RTK 高程控制采用五等控制测量,且 RTK 平面控制测量与高程控制测量同步进行,观测次数定为 3 次。

2. RTK 控制测量

1)完成"项目一　RTK 点测量操作"

完成"项目一　RTK 点测量操作",基准站与流动站需满足 RTK 控制测量的技术要求。

2)选点造标埋石

根据点位要求和技术设计进行 RTK 埋石,RTK 高程控制点的埋设与平面控制点同步进行,标石重合,采用圆头带十字的标志。

3)RTK 控制测量外业观测

根据 RTK 平面与高程控制测量技术(见表 5-10、表 5-11)的要求进行观测。

表 5-10　RTK 三级平面控制测量技术要求

等 级	相邻点间平均边长(m)	点位中误差(cm)	边长相对中误差	与基准站的距离(km)	观测次数	起算点等级
三级	≥200	≤ ±5	≤1/6 000	≤5	≥2	二级及以上

表 5-11　RTK 五等高程控制测量技术要求

大地高中误差(cm)	与基准站的距离(km)	观测次数	起算点等级
≤ ±3	≤5	≥3	四等及以上水准

RTK 平面与高程控制点测量流动站观测时采用三角架对中、整平,观测次数为 3 次。每次观测历元数应不小于 20 个,采样间隔为 2 ~ 5 s,各次测量的平面坐标与大地高较差不大于 4 cm。

任务二　RTK 地形测量

GNSS－RTK 地形测量适用于外业数字测图的图根测量和碎部点数据采集。

本任务 GNSS－RTK 地形测量包含以下知识点:RTK 地形测量主要技术指标、RTK 图根测量、RTK 碎部点测量、RTK 地形测量质量控制与检查。

【知识学习】

一、RTK 地形测量主要技术指标

RTK 地形测量主要技术要求应符合表 5-12 的规定。

表 5-12　RTK 地形测量主要技术要求

等级	图上点位中误差(mm)	高程中误差	与基准站的距离(km)	观测次数	起算点等级
图根点	≤ ±0.1	1/10 等高距	≤7	≥2	平面三级以上、高程等外以上
碎部点	≤ ±0.3	符合相应比例尺成图要求	≤10	≥1	平面图根、高程图根以上

注:1. 点位中误差指控制点相对于最近基准站的误差。

2. 用网络 RTK 测量可不受流动站到基准站间距离的限制,但宜在网络覆盖的有效服务范围内。

二、RTK 图根点测量

RTK 图根点测量相关要求如下:

(1)图根点标志宜采用木桩、铁桩或其他临时标志,必要时可埋设一定数量的标石。

(2)RTK 图根点测量时,地心坐标系与地方坐标系的转换关系的获取方法参照任务一,也可以在测区现场通过点校正的方法获取。

(3)RTK 图根点高程的测定,通过流动站测得的大地高减去流动站的高程异常获得。

(4)流动站的高程异常可以采用数学拟合方法、似大地水准面精化模型内插等方法获取,也可以在测区现场通过点校正的方法获取。

(5)RTK 图根点测量方法参照任务一中相关要求执行。

(6)RTK 平面控制点测量流动站观测时应采用三角架对中、整平,每次观测历元数应大于 10 个。

(7)RTK 图根点测量平面坐标转换残差不应大于图上 0.07 mm。RTK 图根点测量高程拟合残差不大于 1/12 等高距。

(8)RTK 图根点测量平面测量两次测量点位较差应不大于图上 0.1 mm,高程测量两次测量高程较差不应大于 1/10 基本等高距,各次结果取中数作为最后成果。

三、RTK 碎部点测量

RTK 碎部点测量的主要要求如下:

(1)RTK 碎部点测量时,地心坐标系与地方坐标系的转换关系的获取方法参照任务一,也可以在测区现场通过点校正的方法获取。当测区面积较大,采用分区求解转换参数时,相邻分区应不少于 2 个重合点。

(2)RTK 碎部点高程的获取按照 RTK 图根点测量中的(3)、(4)、(5)执行。

(3)RTK 碎部点测量平面坐标转换残差不应大于图上 ±0.1 mm。RTK 碎部点测量高程拟合残差不应大于 1/10 基本等高距。

(4)RTK 碎部点测量流动站观测时可采用固定高度对中杆对中、整平，观测历元数应大于 5 个。

(5)连续采集一组地形碎部点数据超过 50 点，应重新进行初始化，并检核一个重合点。当检核点位坐标较差不大于图上 0.5 mm 时，方可继续测量。

四、RTK 地形测量质量控制与检查

(1) RTK 地形测量外业采集的数据应及时从数据记录器中导出，并进行数据备份，同时对数据记录器内存进行整理。

(2)RTK 地形测量外业观测记录采用仪器自带内存卡和数据采集器，记录项目及成果输出包括下列内容：①转换参考点的点名(号)、残差、转换参数。②基准站、流动站的天线高、观测时间。③流动站的地心、平面收敛精度。④流动站的地心坐标、平面和高程成果数据。

(3)导出的成果数据在计算机中用相应的成图软件编辑成图。

(4)用 RTK 技术施测的图根点平面成果应进行 100% 的内业检查和不少于总点数 10% 的外业检测(见表 5-13、表 5-14)，外业检测采用相应等级的全站仪测量边长和角度等方法进行，其检测点应均匀分布在测区。

表 5-13　RTK 图根点平面检测结果应满足的要求

等级	边长校核		角度校核		坐标校核
	测距中误差(mm)	边长较差的相对误差	测角中误差(″)	角度较差限差(″)	平面坐标较差(mm)
图根	≤±20	≤1/3 000	≤±20	60	≤±0.15

(5)用 RTK 技术施测的图根点高程成果应进行 100% 的内业检查和不少于总点数 10% 的外业检测，外业检测采用相应等级的三角高程、几何水准测量等方法进行，其检测点应均匀分布在测区。

表 5-14　RTK 图根点高程检测结果应满足的要求

等级	高差较差
图根	≤1/7 基本等高距

【参考方案】

RTK 地形测量前应进行技术设计，RTK 图根测量、RTK 碎部点测量满足上述要求，并对成果按 RTK 地形测量质量控制与检查标准进行检查验收。

案例六　网络 RTK 测量

一、题目

× × 矿区网络 RTK 控制测量。

二、概述

× × 矿区位于 × × 县东南部，大致位于东经 113°附近，前期已探明储量面积约 27 km^2，大致呈正方形。该矿区人口稀少，呈零散分布；地表覆盖多为耕地，局部有少量树林，无高大建筑物；地形较为平坦，局部地区有起伏。

为了本矿区的整体规划与开发，需进行 1∶1 000 大比例尺地形图测绘，由于时间紧，任务重，决定在省级 CORS 的基础上（该县有一个 CORS 站点）进行网络 RTK 控制测量，平面控制采用三级控制测量，高程采用五等高程控制测量。要求成果所属坐标系统为 CGCS2000，高程系统为 1985 国家高程基准。

三、目标

（1）进行流动站网络 RTK 的设置连接。

（2）进行网络 RTK 控制测量技术设计。

（3）完成网络 RTK 平面三级控制测量与五等高程控制测量。

（4）进行测量坐标成果的转换。

四、依据

（1）测量任务书或合同。

（2）《全球定位系统（GPS）测量型接收机检定规程》（CH 8016—95）。

（3）《全球定位系统实时动态测量（RTK）技术规范》（CH/T 2009—2010）。

（4）《全球导航卫星系统连续运行参考站网建设规范》（CH/T 2008—2005）。

（5）《测绘技术设计规定》（CH 1004—2005）。

（6）《数字测绘成果质量检查与验收》（GB/T 18316—2008）。

（7）《测绘成果质量检查与验收》（GB/T 24356—2009）。

（8）《测绘技术总结编写规定》（CH/T 1001—2005）。

（9）《测绘作业人员安全规范》（CH 1016—2008）。

（10）本项目的技术设计书和有关的补充文件。

五、条件

（一）已有资料

（1）测区现有不同时期的交通图、行政区划图可供设计、选点使用。

（2）省级 CORS 系统，含本县其中一个站点。

（3）SIM 卡 2 个。

（二）测量人员

（1）作业单位具备丙级或以上（含丙级）资质，具有高级工程师××人、工程师××人、技术员××人和高、中、初级职业资格人员若干人。

（2）项目安排负责人 2 人；两个测量队，每队配技术员 2 人；后勤保障 2 人。

（三）仪器设备及软件

（1）网络 RTK 测量系统：2 台套（含 SIM 卡）。

（2）计算机：2 台。

（3）车辆：1 辆。

六、要求

（一）矿区基准

（1）坐标系统：CGCS2000 坐标系；投影方式：高斯平面投影；分带：3°带；中央子午线：114°。

（2）高程系统：1985 国家高程基准。

（二）精度要求

三级控制点与五等高程点测量的精度符合《全球定位系统实时动态测量（RTK）技术规范》（CH/T 2009—2010）的相关要求，密度应满足图根测量与碎步测量的需要。

（三）产品质量控制与验收

技术设计和技术总结，转换参考点的分布及残差，观测的参数设置、观测条件及检测结果和输出的成果，实地检验控制点的精度及选点、埋石质量、实地检验地形测量各质量元素的质量等应符合《全球定位系统实时动态测量（RTK）技术规范》（CH/T 2009—2010）的相关要求。

七、剖析

GNSS - RTK（Real Time Kinematic）技术一般可分为常规 GNSS - RTK 测量技术和网络 RTK 测量技术，本案例主要介绍利用网络 RTK 测量技术进行地形图控制测量。

连续运行卫星定位服务系统（Continuous Operational Reference System，简称 CORS 系统）是 GNSS 测量技术发展的热点之一。网络 RTK 是 CORS 系统产生的主要原因和最主要的应用之一，其重要的目的之一就是进行网络 RTK 测量作业。该技术的出现，得益于现代高科技的发展，它是集 Internet 技术、无线通信技术、计算机网络管理和 GNSS 定位技术于一身的系统。

网络 RTK 测量突破了常规 GNSS－RTK 的作业距离与作业模式，具有作业距离更长、覆盖范围更广、精度和可靠性更高、应用范围更广、效率更高、操作更方便等方面的特点，是目前 GNSS 作业测量的主要手段。本案例主要讲述了网络 RTK 测量的基本理论知识与控制测量操作等方面的知识内容。

项目一　网络 RTK 测量技术

连续运行卫星定位服务系统是现代 GNSS 测量技术发展的热点之一。网络 RTK 测量技术是 CORS 系统产生的原因和最主要的应用之一。

任务一　网络 RTK 测量方法

【任务分析】

网络 RTK 是 CORS 系统产生的原因和最主要的应用之一，CORS 系统重要的目的之一就是进行网络 RTK 测量作业。

网络 RTK 从最早的单站载波相位差分发展到今天采用多站进行差分解算，各地 CORS 系统不是采用统一的解算方式，目前世界上有多种网络 RTK 解算技术，其解算的理论基础和方法都不相同。

本任务网络 RTK 测量方法主要讲述 CORS 系统，网络 RTK 概念、组成、技术优势、主流技术、通信模式等知识内容。

【知识学习】

一、CORS 系统概述

连续运行卫星定位服务系统（Continuous Operational Reference System，简称 CORS 系统）是现代 GNSS 的发展热点之一。CORS 系统将网络化概念引入到了大地测量应用中，该系统的建立不仅为测绘行业带来深刻的变革，而且将为现代网络社会中的空间信息服务带来新的思维和模式。

连续运行参考站系统可以定义为一个或若干个固定的、连续运行的 GNSS 参考站，利用现代计算机、数据通信和互联网（LAN/WAN）技术组成的网络，实时地向不同类型、不同需求、不同层次的用户自动地提供经过检验的不同类型的 GNSS 观测值（载波相位，伪距），各种改正数、状态信息，以及其他有关 GPS 服务项目的系统。

CORS 系统按基站数量主要分成以下几类：

(1)单基站 CORS。单基站 CORS 是单参考站模式，采用常规 RTK 技术，由每一个参考站服务于一定作用半径内所有的 GNSS 用户。就是只有一个连续运行站，类似于一加一的 RTK。

(2)多基站 CORS。分布在一定区域内的多台连续运行的基站,每一个基站都是一个单基站系统,由控制软件自动计算流动站与基站间的距离,将距离近的基站差分数据发送给流动站。严格意义上讲,是多个单基站的集合。

(3)网络 CORS。用多个基准站构成一个基准站网,通过各基准站的相关数据计算出改正数,对流动站的观测值进行改正。网络 CORS 的精度覆盖范围为网内及网外 30 km,且精度分布均匀。

CORS 系统按应用技术可以分为虚拟参考站(VRS)、区域改正参数(FKP)、主辅站技术(MAX/MAC 技术)、FKP 技术、综合内插技术(CBI)、联合单站 RTK 技术等。

二、网络 RTK 概念

网络 RTK 技术就是利用 CORS 各个参考站观测信息,以 CORS 网络体系结构为基础,建立精确的差分信息解算模型,解算出高精度的差分数据,然后通过无线通信数据链路将差分改正数发送给用户。

网络 RTK 技术集 Internet 技术、无线通信技术、计算机网络管理技术和 GNSS 定位技术于一体,是 CORS 网络服务系统和核心支持技术的解决方案。

依靠网络将参考站连接到计算中心,联合若干参考站数据解算或消除电离层、对流层等的影响,以提高 RTK 定位可靠性和精度的方法。

三、网络 RTK 系统组成

网络 RTK 由基准站网、数据处理中心及数据播发中心、数据通信链路和用户部分组成。

基准站网通常不少于 3 个基准站,应架设在环境良好的地方;基准站上应配有全波长的双频 GNSS 接收机、数据传输设备及气象仪等。

数据处理中心负责接收各基准站发来的观测数据,并进行融合、处理,实时地计算出基准站网内的各项误差,建立误差改正模型,然后由数据播发中心发送给用户流动站。

数据通信链路分为两种:一种是基准站和数据处理、数据播发中心之间的通信链路,通常是通过光纤、光缆、数据通信等方式连接;另一种是数据播发中心与用户接收机间的通信链路,通常是采用 GSM、GPRS、CDMA 等方式来实现。由于现在手机使用便利,且手机都具有上网功能,所以现在一般的工程测量都采用 GPRS 方式来实现播发中心与用户接收机间的连接。用户部分,用户只需要配备数据通信设备及其相应的软件即可工作。

四、网络 RTK 技术优势

由于传统的 RTK 技术存在很多缺陷,与之相比,网络 RTK 技术优势主要表现如下。

(一)服务范围大

虚拟参考站技术的诞生打破了传统的 RTK 测量中基准站与流动站之间距离的限制。传统的 RTK 基准站与流动站之间的距离一般不大于 15 km,而网络 RTK 技术基准站与流动站之间的距离可达 50 ~ 70 km,且具有很高的精度。与传统 RTK 相比,网络 RTK 差分服务范围提高了 100% 以上。

(二)网络 RTK 成本低

传统的 RTK 由于基线长度的限制,为保证精度,不得不多次架设参考站;而网络 RTK 技术不需要架设参考站,同样大小的测区,网络 RTK 成本远远小于传统的 RTK 测量。

(三)网络 RTK 技术作业精度高

传统的 RTK 由于多次架设参考站,参考站误差累积。而网络 RTK 不需要架设参考站,虚拟参考站总是在流动站几米或者几十米的附近,避免了误差的累积,整个测区误差均匀。

单点定位常规 RTK 采用单点差分解算,且解算模型与用户位置和状态无关,差分信息为通用差分信息,解算精度低;网络 RTK 解算是采用 3 个以上的参考站数据和坐标基准数据,并且结合了用户位置和环境情况进行差分解算,极大地提高了差分解算精度。

(四)网络 RTK 系统可靠性高

网络 RTK 系统的可靠性是由整个网络来维护的,当某个参考站出现问题时,系统很容易检测出。而传统的 RTK 的可靠性是靠单个参考站来维护的,当这个参考站出现问题时,则无法检测出,这样使得所测的结果存在严重的误差。与传统常规 RTK 相比,网络 RTK 系统的可靠性很高。

(五)网络 RTK 应用更为广泛

网络 RTK 现在已广泛应用于控制测量、线路测量、工程测量、水下地形测量、车辆导航等各个领域。

五、网络 RTK 主流技术

网络 RTK 差分解算模型是网络 RTK 的核心,也是网络 RTK 软件的核心,网络 RTK 最终通过数学模型实现用户高精度差分定位功能。网络 RTK 解算的关键技术如下:

(1)利用多个参考站观测数据对电离层、对流层、观测误差的误差模型进行优化。

(2)多个参考站已知坐标和观测数据快速确定某类整周模糊度值,然后进一步确定误差模型的精细结构。

(3)利用上述误差模型和整周模糊度寻找确定流动站的误差修正的算法。

(4)利用修正后的流动站观测值和参考站坐标固定流动站整周模糊度。

(5)快速、实时性解算技术,结果精度和可靠性的检验。

目前,主流的网络 RTK 技术有 VRS 技术、MAX 技术、FKP 技术和 CBI 技术等。

(一)虚拟参考站技术(VRS 技术)

VRS(Virtual Reference Stations)技术全称虚拟参考站技术,是由 Herbert Landau(兰道)博士提出的基于 VRS 理论的虚拟参考站系统,并由 Spectra/Terrasat 公司推向市场的模型。

虚拟参考站技术是利用布设在地面上的多个参考站组成 GNSS 连续运行参考站网络(CORS),综合利用各参考站的卫星观测数据,通过软件处理建立精确的误差模型来修正相关误差。移动用户在工作前,先通过 GPRS 或 CDMA 等通信手段向控制中心发送一个概略坐标,控制中心收到这个位置信息后,根据用户位置,由计算机自动选择最佳的一组固定参考站,根据这些参考站发来的信息,服务端收到流动站请求后在其附近产生一个物理上并不存在的虚拟参考站(VRS)。虚拟参考站通过流动站用户接收机的单点定位解来确定,所以与流动站组成的基线一般只有十几米。流动站接收 VRS 平台发布的 RTCM 差分改正数后，就能得到厘米级精度的坐标解。

1. VRS 算法特点

VRS 修正区分误差和观测值修正，分别估计电离层、对流层模型，可能与不同类型仪器流动站所使用的模型相冲突。

对于连续 RTK，流动站不知道真实参考站的坐标，只知道"移动的"虚拟参考站的坐标。

一般情况下，流动站需要通过 NMEA 格式把它的点位信息发送给中央控制站，如果需要借助于 GSM 等类型的双向数据通信装置，流动站个数受限制。

误差估计基于基线解。

采用距离最近的 3 个参考站采集的同步观测值进行差分处理，每个三角形产生一组区域改正参数。

模型建立在单站的基础上，结合所在三角形的信息在流动站点位上生成一个"虚拟参考站"。

VRS 数据能够通过正常的 RTCM 信息发送给流动站。

2. VRS 工作原理和流程

(1)各个参考站通过 Internet 连续不断地向数据控制中心传输 GPS 卫星观测数据。

(2)控制中心实时在线解算网内各基线的载波相位整周模糊度值和建立误差模型。

(3)流动站将单点定位或 DGPS 确定的位置坐标(NMEA 格式)，通过无线移动数据链路(如 GSM/GPRS、CDMA)传送给数据控制中心，控制中心在流动站附近位置创建一个虚拟参考站，通过内插得到虚拟参考站各误差源影响的改正值，并以 RTCM 格式通过 NTRIP 协议发给流动站用户。

(4)流动站与虚拟参考站构成短基线。流动站接收控制中心发送的虚拟参考站差分改正信息或者虚拟观测值，进行差分解算得到用户厘米级的定位成果。

VRS 技术是目前普及范围最广的网络 RTK 差分解算技术。其工作基本原理如图 6-1 所示。

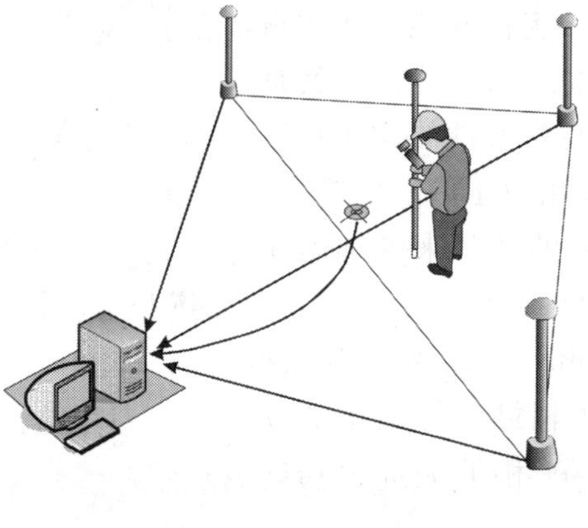

图 6-1　VRS 工作原理

VRS 算法的优势在于允许服务器应用整个网络的信息来计算电离层和对流层的复杂模型，一旦完成了数据的完整性检测，中央服务器就通过双差观测计算电离层、对流层和星历误差。这样该区域内的误差模型化可以明显地剔除常规 RTK 下的系统误差。

VRS 一个有争议的劣势是它在支持流动站进行动态应用方面有局限性,特别是在大型网络内在运动中进行拨号服务时段内。因为在 VRS 中,修正信息是在拨号时对初始的流动站位置进行优化而得到的,如果流动站在拨号后位置已经移动了,则这种修正对流动站的新位置不一定合适。虽然这种效果仅影响长距离运动的流动站(几千米),但通过采用附加的信息,流动站也能在这种情况下工作。

目前,采用 VRS 解算方法的软件有 Trimble 公司的 GPSNet 和 Topcon 公司的 TopNet。

(二)主辅站技术(MAX/MAC 技术)

主辅站技术(Master Auxiliary Concept,MAC)是由瑞士徕卡测量系统有限公司基于“主辅站概念”推出的新一代参考站技术。主辅站技术是基于最新多基站、多系统、多频(L1,L2,L5)和多信号非差分处理算法,是从参考站网以高度压缩的形式,将所有相关的、代表整周未知数水平的观测数据(如弥散性的和非弥散性的差分改正数)作为网络的改正数据播发给流动站;它本质上是区域改正数(FKP)的一种优化,选择距流动站最近的一个有效参考站作为主站,一定半径范围内至少二个其他有效的参考站作为辅站,主站和辅站自动组成一个单元进行网解,发送主站差分改正数和辅站与主站改正数的差值给流动站,对流动站进行加权改正,最后得到精确坐标。

主辅站技术的基本概念就是从参考站网以高度压缩的形式,将所有相关的、代表整周未知数水平的观测数据,如弥散性的和非弥散性的差分改正数,作为网络的改正数据播发给流动站。它是 RTCM 3.0 版网络 RTK 信息的基础。

为了降低参考站网系统网络中数据的播发量,主辅站方法发送其中一个参考站作为主参考站的全部改正数及坐标信息,对于网络(子网络)中所有其他台站,即所谓辅参考站,播发的是相对于主参考站的差分改正数及坐标差。主站与每一个辅站之间的差分信息从数量上来说要少得多,而且能够以较少数量的比特来表达这些信息。差分改正信息可以被流动站简单地用于内插用户所在点位的误差,或重建网络(或子网络)中所有参考站的完整改正数信息。因此,主辅站概念完全支持单向的数据通信,而且不会影响流动站的定位性能。播发数据所需的带宽可以进一步被减少,具体方法就是通过分解改正数为两个部分:弥散性的和非弥散性的。弥散性的误差是直接相应于信号的频率,而非弥散性的误差则对所有的频率来说都是相同的。主辅站工作原理如图 6-2 所示。

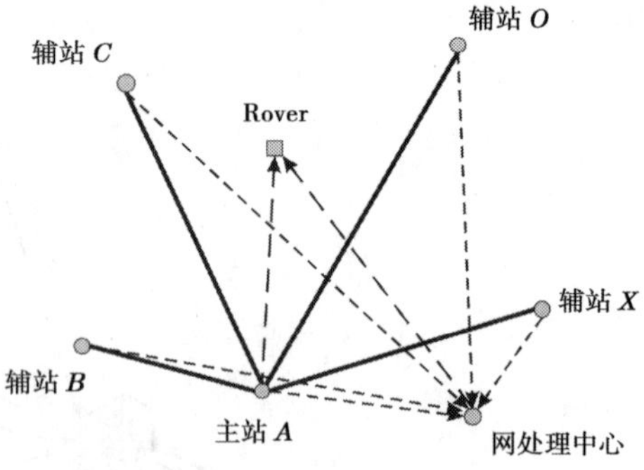

图 6-2 主辅站技术原理

主辅站技术是全球 CORS 采用第二多的网络 RTK 解算方式,主要的主辅站解算技术的软件包括 Leica 公司的 SpiderNet 和 Topcon 公司的 TopNet。

(三)区域改正数技术(FKP 技术)

FKP 技术是由 GEO + +公司 Gerhard Wuebenna 博士提出的全网整体解算模型,这是一种动态模型。它要求所有参考站将每一个瞬时采集的未经差分处理的同步观测值实时传回数据处理中心,通过数据处理中心实时处理,产生一个称为 FKP 的空间误差改正参数,然后将这些参数通过扩展信息发送给服务区内的所有流动站进行空间位置解算。系统传输的 FKP 能够比较理想地支持流动站的应用软件,但是流动站必须知道相关的数学模型,才能利用 FKP 参数生成相应的改正数。为了获取瞬时解算结果,每个流动站需要借助一个被称为 Adv 盒的外部装置内置解译软件,配合流动站接收机实现作业。

由于采用 FKP 算法的用户需要附加解译设备,所以 FKP 解算的保密性非常好,但是使用比较复杂,对用户流动站要求高,因此普及率很低,目前全世界只有极少数地区采用 FKP 技术进行差分解算。

(四)综合内插技术(CBI 技术)

综合内插技术是武汉大学提出的 CORS 系统建设技术,CBI 技术的特点是利用卫星定位误差的相关性计算各基准站上的综合误差,并发送到用户,用户根据此误差和自己位置内插出用户的综合误差,系统中心与用户只需要单向通信,同时用户需要增加解码设备。

这种解算方法简单可靠,性能稳定,单向通信可以实现解算,可以采用电波发送的方式,但是需要用户端有解算设备。目前,这种技术未大规模推广。

(五)联合单站 RTK 技术

联合单参考站差分解算原理与普通 RTK 载波相位差分解算原理完全一样,但是联合单参考站作业时,用户将概率坐标发送到数据中心,数据中心通过概率选用最近的参考站,并将最近参考站的差分数据发送给用户,即以最近的参考站为基准站进行载波相位差分测量。

采用该方法进行 RTK 测量,由于没有受到诸如电波受距离、地形和环境等因素的影响,故实现了较长距离的 RTK。

但由于只采用一个参考站进行差分解算,单参考站的解算精度和系统可靠性不及多参考站联合解算的网络 RTK,但是单参考站 CORS 也有其自身的优势,如建设费用、管理成本较低,建站要求不高,可以随时升级扩展、施工周期短等。

随着 CORS 技术越来越成熟,联合采用单参考站进行解算的方式越来越少,一般只在县一级或者某个小区域范围内采用。

(六)几种网络 RTK 技术比较

根据几种网络 RTK 算法的技术特点,对几种算法作一个比较(见表 6-1)。

表 6-1　网络 RTK 算法技术对比

项目	VRS	MAX/MAC	FKP	联合单参考站
解算精度	高	高	高	一般
解算稳定性	高	高	非常高	一般
可靠性	高	高	非常高	一般
兼容性	高	高	低	很高
最少基站数	3	3	3	1
保密性	高	一般	很高	低
建设经费	高	高	一般	较低
普及率	高	一般	低	很高

注:综合内插技术(CBI)还未普及使用,因此这里不做对比。

六、网络 RTK 作业通信模式

目前，网络 RTK 作业通信模式一般分为两种：第一种为单向数据通信模式，第二种为双向数据通信模式。

（一）单向数据通信模式

单向数据通信模式下，全网统一播发误差改正数，流动站的误差在流动站处计算，用户只接收数据，不发播信息，对用户数量不做限制要求。

（二）双向数据通信模式

双向数据通信模式下，用户需要向数据处理中心发播自己的概略位置，数据处理中心根据用户的概略位置选择最优的参考站计算相应的误差改正数或生成虚拟观测值，然后回发给用户，用户根据数据处理中心回发的误差改正数进行计算改正。在此种模式下，用户的数量是要受到限制的。目前，全国多数已建网络 RTK 系统均采用此种作业模式。

【参考方案】

（1）CORS 系统：采用省级 CORS 系统。

（2）网络 RTK 方法：采用虚拟参考站技术进行 RTK 测量。

任务二　网络 RTK 控制测量操作

网络 RTK 测量突破了常规 RTK 的作业距离与作业模式，与常规 RTK 相比，其有着无可比拟的优势，表现在作业距离更长、覆盖范围更广、精度和可靠性更高、应用范围更广、效率更高、操作更方便等方面。但和常规 RTK 测量方法一样，测量时需要遵守一定的规则才能得到可靠的、满足一定精度要求的成果。

【任务分析】

网络 RTK 测量涉及测量基础理论与测量操作两部分内容，在任务一的基础上，本任务主要讲述网络 RTK 测量操作以下几点知识内容：网络 RTK 控制点选点要求、参考站及流动站工作条件、网络 RTK 作业准备、网络 RTK 测量质量控制、网络 RTK 作业注意事项。

【知识学习】

一、网络 RTK 控制点选点要求

网络 RTK 控制点的选点应满足以下要求：

（1）点位所在的区域应被网络信号有效覆盖，确保接收机能够通过 GPRS 或 GSM 等方式稳定地连接到 CORS 网络。

（2）点位所在的位置应符合相关规范的要求。

（3）点位视野开阔，视场内连续障碍物的高度角不宜大于 15°。

（4）点位远离微波塔、发射天线等大功率无线电发射源 200 m 以上，远离高压输电线路

100 m 以上。

(5)点位远离金属、水面等反射电磁波信号强烈的物体 50 m 以上。

(6)点位不应选择在大树下。

(7)交通方便,并有利于其他测量手段的扩展。

二、参考站及流动站工作条件

(一)参考站系统正常工作的条件

参考站系统正常工作应满足以下基本条件:

(1)参考站系统自身能正常连续地锁定卫星。

(2)参考站采集的 GNSS 数据连续不断地传送到数据中心。

(3)参考站各站之间能同时收到 5 颗及 5 颗以上相同的卫星,参考站系统各站之间有固定解。

(4)能提供 95% ~99% 的系统可利用性,系统的可靠性要达到 95% 以上。

(5)接收到流动站请求信息后,能迅速提供网络 RTK 改正数据。

(6)系统能提供多种格式的差分数据。

(二)流动站自身进行工作的条件

流动站正常工作应满足以下基本条件:

(1)能与参考站数据中心进行正常的无线数据传输。

(2)在接收网络改正数后能迅速求得流动站所需要的改正数并得到固定解。

三、网络 RTK 作业准备

网络 RTK 作业需要做一些前期准备工作,包括以下几个方面。

(一)流动站仪器准备

(1)在 RTK 作业前,首先检查设备是否齐全,包括 GPS 接收机,接收机天线,手簿(控制终端),流动杆,必要时准备脚架、钢卷尺、扳手、电源连接线等,然后检查仪器是否正常,包括内存或 PC 卡容量是否满足工作需要。

(2)利用配套软件在计算机上对接收机进行必要的设置。

(3)由于 RTK 作业耗电量大,工作前,应对电池进行充电,准备充足的电源。

(二)进行卫星预报

(1)RTK 作业前要进行严格的卫星预报,选取 PDOP 小于 6 的时间窗口,编制预报表。编制预报表时应包括可见卫星号、卫星高度角和方位角、最佳观测卫星组、最佳观测时间、点位图形几何图形强度因子等内容。

(2)卫星预报表的有效期以 20 天为宜,当超过 20 天时,应重新采集一组新的概略星历进行预报。

(3)卫星预报时应采用测区中心的经纬度。当测区较大时,应分区进行卫星预报。

(三)RTK 作业时设备启动状况检查

(1)开机后,检验有关指示灯与仪表是否显示正常,正常后方可进行自测试并启动软件新建任务，输入测站号（测点号）、仪器高等信息准备作业。

（2）接收机启动后，观测员可使用专用功能键盘和选择菜单，查看测站信息接收卫星数、卫星号、卫星健康状况、各卫星信噪比、相位测量残差实时定位的结果及收敛值、存储介质记录和电源情况。如发现异常情况或未预料情况，应及时作出相应处理。若一切正常，可以开始作业。

四、网络 RTK 作业步骤

网络 RTK 作业时，其作业流程一般包括四个步骤：

（1）开机锁定观测卫星，然后打开手簿，通过蓝牙或者连接线建立手簿与接收机间的通信，启动测量软件，建立新文件，设置网络 RTK 测量形式的参数。

（2）利用手簿或者接收机上的通信模块，通过中国移动的 GPRS 或中国联通的 CDMA 方式拨号，连接到 Internet 网络。

（3）使用网络 RTK 系统管理员提供的用户名和密码，通过 Internet 网络连接到网络 RTK 系统数据处理中心。

（4）连接数据中心，获取源列表，等初始化完成，获得固定解后，开始测量采集数据。

（5）外业完成后，将手簿或者接收机储存的测量数据下载到计算机进行后续数据预处理和图形处理。

使用不同品牌的接收机与手簿，其操作步骤略有不同。

五、网络 RTK 测量质量控制

研究表明，网络 RTK 确定整周模糊度的可靠性为 95% ~99%，网络 RTK 比静态 GNSS 测量和传统 RTK 还多一些误差因素，如参考站自身所提供固定解的可靠性、数据中心与流动站之间数据通信包的可靠性和利用率即数据链传输误差等。同时，网络 RTK 作业时为保证效率在通常情况下不可能采用快速静态或传统静态测量后的处理方法，如卫星高度角的截取、不健康卫星的剔除、不同时间段的截取等来进行质量控制。因此，与 GNSS 静态测量和传统 RTK 测量相比，网络 RTK 测量更容易出现粗差，必须进行质量控制。

网络 RTK 质量控制主要涉及以下几点内容。

（一）坐标转换参数

网络 RTK 在作业时直接获取的是 WGS84 坐标系统，而在实际工作中所需的往往是 1954 年北京坐标系或地方独立坐标，因此在作业时必须进行坐标系的转换。通过大量的实践，网络 RTK 作业所使用的坐标转换参数应该由覆盖整个 GNSS 参考站网且分布均匀的控制点求得，通常采用严密的七参数转换法。如果在测区内不能提供足够的点用于转换参数的求解，在保证精度的前提下，可以临时使用四参数法求解转换参数。转换参数确定后应用一些已知点检验其精确度，转换参数精确度越高越好，条件许可的情况下尽量采用七参数法求解转换参数。

（二）星历预报

在进行作业前应先进行星历预报，使用的历书时间应为作业前一星期内的。记录或打印星历预报结果，选取观测条件好的时段进行 RTK 作业，以保证作业效率和质量。

（三）精度指标设置

在进行网络 RTK 作业时，需要设置机内精度，以保证有较好的收敛精度。一般精度指标预设点位中误差为 2.0 cm、高程中误差为 3.0 cm。

（四）网络 RTK 设站

网络 RTK 在作业时选择点位应该满足 GNSS 观测要求，根据星历预报结果安排观测时间，通常要求 GDOP 值小于 4。在 GDOP 值较大时，较容易出现粗差，应该避免该时间段的作业。利用 GDOP 值较好的时段作业，不仅效率快，而且精度高。同时，在作业过程中为减少对中误差和加快初始化收敛，要求网络 RTK 在进行图根以上等级作业时均需安置脚架。

（五）网络 RTK 观测

1. 良好的通信条件

网络 RTK 作业时要观察参考站中心与流动站的通信状态是否稳定可靠，以确保固定解的质量。

2. 电离层、对流层监测

在进行网络 RTK 作业时，通过软件对电离层、对流层进行监测，安排好作业时间，选择其活跃程度较小的时间进行 RTK 作业，以提高 RTK 测量作业效率和可靠性，保证作业成果的质量。

3. 观测要求

通常网络 RTK 观测的采样间隔为 1 s，每次测量的历元数不小于 10 个。单次观测的平面收敛精度应小于 2 cm，高程收敛精度应小于 3 cm。

（六）粗差剔除及可靠性的保证

由于网络 RTK 作业成果的可靠性只有 95% ~99%，所以在网络 RTK 作业过程中不可避免地存在着粗差，且在观测过程中不能做出准确的判断，那么观测结果中粗差的剔除只能在事后进行，也只有通过事后剔除的方法来提高网络 RTK 作业的可靠性。方法主要是采用一定的多余观测值来检查。当然多余观测值的数量不宜太多，否则会影响 RTK 作业的效率，失去 RTK 作业的意义。

一般的粗差剔除方法有：多次初始化观测，比较各次观测值剔除粗差；观测多余的点，事后打边检查以剔除粗差点，从而保证成果的可靠性。

六、网络 RTK 作业注意事项

为了能快速准确进行网络 RTK 作业，获取可靠精确的成果，作业时应注意以下事项。

（一）测区转换参数的确定

由于 RTK 的测量成果是 WGS84 坐标系下的成果，而通常需要的测量成果是要在流动站上实时显示国家坐标系或地方坐标系下的坐标成果，这就需要进行坐标系之间的成果转换，如果有测区坐标系与 WGS84 坐标系的转换参数，则可以在手簿中直接输入，建立坐标转换关系。否则就要通过 RTK 点校正的方式来求解转换参数，平面至少 3 个已知点，高程拟合则至少要有 4 个高等级高程控制点。求坐标转换参数时应注意以下几点：

(1)已知点最好选在测区四周及中心,均匀分布,能有效地控制测区内的测量精度。

(2)已知点的地方坐标(平面与高程)需要有较高精度。

(3)为检校转换参数的精度和正确性,应选用几个已知点不参与计算,用以检查。

(二)与人为因素有关事项

为提高观测成果的精度及可靠性,作业人员在作业过程中应注意以下问题:

(1)提高对中、整平精度或流动杆放稳放直,确保流动站天线的稳定性。一定的倾斜度,将会产生很大的点位偏移误差。

(2)精确丈量流动站天线的高度。

(3)确保基准站或流动站电力供应的稳定性。

(4)不得在天线附近 50 m 内使用电台,10 m 内使用对讲机。

(5)天气太冷时,接收机应适当保暖;天气太热时,接收机应避免阳光直接照晒,确保接收机正常工作。

(6)在穿越树林、灌木丛时,应注意天线和电缆勿挂破、拉断,保证仪器安全。

(三)作业环境条件的选择

网络 RTK 作业时应选择电离层、对流层活跃程度较小的时间进行。

(1)作业时锁定卫星数在 6 颗及以上成果才较为可靠。若少于 6 颗卫星,初始化需要很长的时间,而且解算精度较差,建议停止作业或者更换追踪能力更强的接收机进行作业。

(2)作业时应避开中午及下午两三点时间。因为此时是电离层最活跃的时刻,对 GNSS 解算影响很大,会导致解算精度降低。同时,尽量在天气良好的状况下作业,避免雷雨天气。

(3)在数据通信信号受影响的点位,为提高效率,可将仪器移到开阔处或升高天线,待数据链锁定后,再小心无倾斜地移回待定点或放低天线,一般可以初始化成功。

(四)优化作业方法

(1)多次初始化观测,比较各次观测值,剔除粗差,取平均值作为成果,从而保证成果的可靠性。

(2)有可能时,可以延长每点的观测时间,最好在 1 天内不同时间段进行观测,可以避免因卫星分布、卫星观测数目等因素造成的影响。

【参考方案】

1. 技术设计

根据任务需要,收集测区高等级一级控制点及其四等水准测量成果等资料,进行技术设计。RTK 平面控制采用三级控制测量,RTK 高程控制采用五等控制测量,且 RTK 平面控制测量与高程控制测量同步进行,观测次数定为 3 次。

2. 网络 RTK 控制测量操作

应按上述网络 RTK 控制点选点要求进行,并使其满足参考站及流动站工作条件,做好网络 RTK 测量前的作业准备,进行网络 RTK 测量质量控制,在网络 RTK 外业测量时应注意相应事项。

参考文献

[1] 徐绍铨,等. GPS 测量原理及应用[M]. 武汉:武汉测绘科技大学出版社,1998.
[2] 钱天爵,等. GPS 接收机使用与维修[M]. 北京:海潮出版社,1996.
[3] 张勤,等. GPS 测量原理及应用[M]. 北京:科学出版社, 2005.
[4] 王解先. GPS 精密定轨定位[M]. 上海:同济大学出版社,1997.
[5] 许超钤,姚宜斌,张豹,等. 现代测绘基准综合管理服务系统的研究与构建[J]. 测绘地理信息. 2014, 39(6):62-65.
[6] 谢钢. 全球导航卫星系统原理:GPS、格洛纳斯和伽利略系统[M]. 北京:电子工业出版社,2013.
[7] 质量监督局. GB/T 18314—2009 全球定位系统(GPS)测量规范[S]. 北京:中国标准出版社,2009.
[8] 国家测绘地理信息局. CH 8016—1995 全球定位系统(GPS)测量型接收机检定规程[S]. 北京:测绘出版社,1995.
[9] 住房和城乡建设部. CJJ/T 73—2010 卫星定位城市测量技术规范[S]. 北京:中国建筑工业出版社, 2010.
[10] 钱天爵,瞿学林. GPS 全球定位系统及其应用[M]. 北京:海潮出版社,1993.
[11] 洪大永. GPS 全球定位系统技术及其应用[M]. 厦门:厦门大学出版社,1998.
[12] 国家测绘地理信息局. CH 1004—2005 测绘技术设计规定[S]. 北京:测绘出版社,2005.
[13] 张守信. GPS 卫星测量定位理论与应用[M]. 长沙:国防科技大学出版社,1996.
[14] 宁津生,等. 现代大地测量理论与技术[M]. 武汉:武汉测绘科技大学出版社,2006.
[15] 李克昭,等. GNSS 定位原理[M]. 北京:煤炭工业出版社,2014.
[16] 周忠谟. GPS 卫星测量原理与应用[M]. 北京:测绘出版社,1997.
[17] 魏子卿,葛茂荣. GPS 相对定位的数学模型[M]. 北京:测绘出版社,1998.
[18] 朱华统,等. GPS 坐标系统的变换[M]. 北京:测绘出版社,1994.
[19] 程鹏飞,等. 国家大地坐标系实用宝典[M]. 北京:测绘出版社,2008.
[20] 党亚民,等. 大地坐标系统及其应用[M]. 北京:测绘出版社,2010.
[21] 王广运,等. 差分 GPS 定位技术与应用[M]. 北京:电子工业出版社,1996.
[22] 刘大杰,施一民,过静君. 全球定位系统(GPS)的原理与数据处理[M]. 上海:同济大学出版社, 1996.
[23] 刘基余. GPS 卫星导航定位原理与方法 [M]. 北京:科学出版社,2003.
[24] 徐绍铨. GPS 测量原理及应用(增订版)[M]. 武汉:武汉测绘科技大学出版社,2003.
[25] 刘经南. 广域差分 GPS 原理和方法[M]. 北京:测绘出版社,1999.
[26] 国家测绘地理信息局. CH/T 2009—2010 全球定位系统实时动态测量(RTK)技术规范[S]. 北京:测绘出版社,2010.
[27] 国家测绘地理信息局. CH/T 2011—2012 全球导航卫星系统连续运行基准站网运行维护技术规范[S]. 北京:测绘出版社,2012.
[28] 国家质量监督局. GB/T 14912—2005 1:500、1:1 000、1:2 000 外业数字测图技术规程[S]. 北京:中国标准出版社,2005.

[29] 国家质量监督局 . GB/T 18316—2008 数字测绘成果质量检查与验收[S]. 北京:中国标准出版社,2008.
[30] 周忠谟 . GPS 卫星测量原理与应用[M]. 北京:测绘出版社,2002.
[31] 周忠谟,易杰军,周琪 . GPS 卫星测量原理与应用[M]. 北京:测绘出版社,1997.
[32] [德]Soober. G. 著,赖锡安译 . 卫星大地测量学[M]. 北京:地震出版社,1998.
[33] 陈俊勇 . 大地基准的现代化和卫星大地测量新成果——参加国际大地测量(IAG)2003 年日本札幌大会札记[J]. 地球科学进展,2004(1):12-16.
[34] 胡良柏 . GPS 高程拟合的研究[D]. 南昌:江西理工大学,2009.
[35] 李征航,黄劲松 . GPS 测量与数据处理[M]. 武汉:武汉大学出版社,2010.
[36] 边少锋 . 大地坐标系与大地基准[M]. 北京:国防工业出版社, 2005.
[37] 钟波 . GPS 水准综合模型的应用研究[J]. 测绘通报 . 2007(6):5-7.
[38] 黄观文 . GPS 精密单点定位和高精度 GPS 基线网平差研究及其软件实现[D]. 西安:长安大学,2009.
[39] 陶本藻 . 自由网平差与变形分析[M]. 武汉:测绘科技大学出版社, 2001.
[40] 徐绍铨,张华海,杨志强,等 . GPS 测量原理及应用[M]. 武汉:武汉大学出版社,2003.
[41] 叶叔华,黄珹 . 天文地球动力学[M]. 济南:山东科学技术出版社,2000.
[42] 施闯 . 大规模高精度 GPS 网平差与分析理论及其应用[M]. 北京:测绘出版社, 2002.
[43] 许其凤 . GPS 卫星导航与精密定位[M]. 北京:解放军出版社,1989.
[44] 曾怡彬 . CORS 系统的网络 RTK 技术在城市测量中的应用[J]. 测绘与空间地理信息 . 2013,36(8):146 – 148.
[45] 唐颖哲 . 2000 国家 GPS 大地控制网数据处理方法与结果[J]. 大地测量与地球动力学,2003,33(3):77 – 82.
[46] 唐春云 . 随机 GPS 数据处理软件的使用及对比[J]. 全球定位系统,2012,37(2):81 – 84.
[47] 刘玫,阎跃鹏,成洁 . 提高基线解算成功率的新算法[J]. 微电子学与计算机, 2010,27(3):1 – 4.
[48] 朱劲松,余颖媛 . 南方 GPS 数据处理软件基线解算分析[J]. 现代商贸工业,2009(20).
[49] 张亚东,白薇 . GPS 基线解算的质量控制和精化处理[J]. 全球定位系统,2012,37(2):26 – 29.
[50] 林颂,黄炳强,宫达辉 . 南宁 CORS 的建设技术综述[J]. 测绘通报,2008(3):72 – 73.
[51] 黄育华,倪宏宇 . CORS 服务网的技术研究[J]. 地理空间信息,2008,6(1):34 – 36.
[52] 张俊礼 . CORS 系统定位技术算法研究[J]. 太原科技,2009(7):89 – 91.
[53] 杨光 . 基于 CORS 平台的三维坐标在线转换系统[J]. 测绘通报,2008(11):10 – 13.